Jyoti Kataria

Capacitar as mulheres através da IA

Jyoti Kataria

Capacitar as mulheres através da IA

Colmatar o fosso entre os géneros para o desenvolvimento sustentável (ODS 05)

ScienciaScripts

Imprint
Any brand names and product names mentioned in this book are subject to trademark, brand or patent protection and are trademarks or registered trademarks of their respective holders. The use of brand names, product names, common names, trade names, product descriptions etc. even without a particular marking in this work is in no way to be construed to mean that such names may be regarded as unrestricted in respect of trademark and brand protection legislation and could thus be used by anyone.

Cover image: www.ingimage.com

This book is a translation from the original published under ISBN 978-620-7-46549-1.

Publisher:
Sciencia Scripts
is a trademark of
Dodo Books Indian Ocean Ltd. and OmniScriptum S.R.L publishing group

120 High Road, East Finchley, London, N2 9ED, United Kingdom
Str. Armeneasca 28/1, office 1, Chisinau MD-2012, Republic of Moldova, Europe
Printed at: see last page
ISBN: 978-620-7-74120-5

PREFÁCIO

Empowering Women through AI: Bridging the Gender Gap for Sus tainable Development (SDG 05) situa-se na intersecção de duas forças fundamentais que moldam o nosso mundo: a igualdade de género e a Inteligência Artificial (IA). O livro explica o profundo impacto que a IA pode ter na promoção da igualdade de género e, em última análise, contribuir para o desenvolvimento sustentável. Na prossecução do Objetivo de Desenvolvimento Sustentável 5 (ODS 5), alcançar a igualdade de género continua a ser um desafio formidável nas sociedades de todo o mundo. Apesar dos progressos significativos realizados ao longo dos anos, as mulheres e as raparigas continuam a enfrentar barreiras sistémicas que limitam as suas oportunidades e inibem a sua plena participação nas esferas social, económica e política. A resolução destas disparidades exige soluções inovadoras e uma reimaginação das abordagens tradicionais. A IA oferece capacidades sem paralelo na análise de dados, no reconhecimento de padrões e na tomada de decisões, o que a torna uma ferramenta poderosa na luta pela igualdade de género. Ao aproveitar o poder da IA, podemos descobrir preconceitos ocultos, amplificar as vozes das mulheres e criar caminhos para o empoderamento anteriormente considerado inatingível. Através de uma combinação de conhecimentos de investigação, estudos de casos e perspectivas de especialistas, revelamos o potencial transformador da IA na promoção dos direitos e oportunidades das mulheres em vários domínios.

Sra. Jyoti Kataria

CONTEÚDO

CAPÍTULO 1

Introdução ao Objetivo de Desenvolvimento Sustentável 5

O Objetivo de Desenvolvimento Sustentável 5 (ODS 5) é uma componente crítica da Agenda de Desenvolvimento Sustentável das Nações Unidas, adoptada pelos líderes mundiais em 2015 como um modelo para alcançar um futuro melhor e mais sustentável para todos até 2030. O ODS 5 centra-se especificamente na consecução da igualdade de género e na capacitação de todas as mulheres e raparigas, reconhecendo que a igualdade de género não é apenas um direito humano fundamental, mas também uma base necessária para um mundo pacífico, próspero e sustentável. O ODS 5 procura abordar as desigualdades e a discriminação generalizadas que persistem com base no género, com o objetivo de eliminar todas as formas de violência, discriminação e práticas prejudiciais contra as mulheres e as raparigas em todo o mundo. Apela à participação plena e equitativa das mulheres e das raparigas em todas as esferas da vida, incluindo nos processos de tomada de decisão, nos papéis de liderança e no acesso a oportunidades na educação, no emprego e nos cuidados de saúde.

Para alcançar a igualdade de género no âmbito do ODS 5, é necessário abordar uma série de questões interligadas que perpetuam as disparidades de género, incluindo normas e estereótipos culturais, acesso desigual a recursos e oportunidades, leis e práticas discriminatórias e barreiras sistémicas que limitam a agência e a autonomia das mulheres. Além disso, o ODS 5 reconhece a interseccionalidade do género com outros factores, como a raça, a etnia, a classe, a idade, a deficiência e a orientação sexual, sublinhando a necessidade de abordagens inclusivas que tratem dos desafios únicos enfrentados por diversos grupos de mulheres e raparigas. Uma das principais metas do ODS 5 é acabar com todas as formas de discriminação e violência contra as mulheres e raparigas, incluindo práticas nocivas como o casamento infantil, a mutilação genital feminina e o tráfico de seres humanos. Estas violações dos direitos das mulheres não só infligem danos físicos e psicológicos, como também perpetuam ciclos de pobreza, desigualdade e exclusão. Ao combater a violência baseada no género e ao garantir o acesso à justiça e a serviços de apoio aos sobreviventes, o ODS 5 visa criar ambientes mais seguros e inclusivos onde as mulheres e as raparigas possam prosperar sem receio de danos ou discriminação.

Outro aspeto crucial do ODS 5 é a promoção do empoderamento económico das mulheres e a garantia da sua participação equitativa na força de trabalho. Apesar dos progressos registados nas últimas décadas, as mulheres continuam a enfrentar barreiras significativas no acesso a um trabalho digno, à igualdade de remuneração e a oportunidades de liderança em muitas partes do mundo. O ODS 5 apela a políticas e medidas para promover o empreendedorismo das mulheres, melhorar o acesso à educação e à formação profissional e eliminar práticas discriminatórias no local de trabalho para permitir que as mulheres realizem o seu potencial económico e contribuam para o desenvolvimento sustentável. A educação é também um foco central do ODS 5, reconhecendo o poder transformador da educação na capacitação de mulheres e raparigas, desafiando as normas de género e promovendo a igualdade de género. Ao garantir a igualdade de acesso a uma educação de qualidade a todos os níveis e ao eliminar as disparidades de género na alfabetização e nas matrículas escolares, o ODS 5 visa capacitar as mulheres e as raparigas para fazerem escolhas informadas sobre as suas vidas, perseguirem as suas aspirações e participarem plenamente na sociedade.

Além disso, o ODS 5 sublinha a importância da participação das mulheres nos processos de tomada de decisão e nos papéis de liderança em todos os sectores, incluindo a política, as empresas e a sociedade civil. Ao aumentar a representação e a voz das mulheres em posições de poder e influência, o ODS 5 procura abordar as desigualdades estruturais que perpetuam a discriminação e a exclusão de género, promover uma governação mais inclusiva e reactiva e fazer avançar os resultados do desenvolvimento sustentável. Para alcançar o ODS 5 e promover a igualdade de género, é essencial adotar uma abordagem holística e integrada que envolva os governos, a sociedade civil, o sector privado, a academia e as organizações internacionais. Para tal, é necessário implementar políticas e programas específicos, investir na recolha e análise de dados sensíveis ao género, reforçar os quadros jurídicos e os mecanismos institucionais para a igualdade de género e promover normas sociais e atitudes culturais que apoiem os direitos e o empoderamento das mulheres.

O Objetivo de Desenvolvimento Sustentável 5: Alcançar a Igualdade de Género é um compromisso global vital para promover os direitos, a dignidade e o bem-estar das mulheres e raparigas em todo o mundo. Ao abordar as causas profundas das disparidades de género e ao promover o empoderamento das mulheres em múltiplas dimensões, o ODS 5 não só contribui para alcançar um mundo mais justo e equitativo, como também liberta todo o potencial de metade da humanidade para impulsionar o desenvolvimento sustentável e construir um futuro mais brilhante para as gerações vindouras.

Objectivos específicos do ODS 5

O Objetivo de Desenvolvimento Sustentável 5 (ODS 5) centra-se na concretização da igualdade de género e na capacitação de todas as mulheres e raparigas. Para atingir este objetivo global, o ODS 5 define um conjunto de metas específicas que servem de marcos para medir o progresso no sentido da paridade de género e do empoderamento das mulheres. Estas metas são cruciais para orientar políticas, iniciativas e acções tanto a nível nacional como internacional.

Meta 5.1: Acabar com todas as formas de discriminação contra todas as mulheres e raparigas em todo o mundo.

A discriminação contra as mulheres e as raparigas continua a ser um problema generalizado em todo o mundo, manifestando-se de várias formas, como a desigualdade de acesso à educação, ao emprego e às oportunidades de tomada de decisões. A meta 5.1 sublinha a importância de eliminar essas práticas discriminatórias e de criar uma sociedade mais inclusiva e equitativa. Isto implica combater as normas culturais profundamente enraizadas, os estereótipos e as barreiras institucionais que perpetuam a discriminação baseada no género.

Meta 5.2: Eliminar todas as formas de violência contra todas as mulheres e raparigas nas esferas pública e privada, incluindo o tráfico e a exploração sexual e de outros tipos.

A violência contra as mulheres e as raparigas é uma violação dos direitos humanos com consequências físicas, emocionais e sociais devastadoras. A meta 5.2 sublinha a urgência de abordar esta questão generalizada através da implementação de estratégias abrangentes para prevenir e responder à violência nos domínios público e privado. Isto inclui o reforço dos quadros jurídicos, a melhoria dos serviços de apoio aos sobreviventes e o desafio às atitudes sociais que toleram ou normalizam a violência contra as mulheres.

Meta 5.3: Eliminar todas as práticas nocivas, como o casamento infantil, precoce e forçado e a mutilação genital feminina.

As práticas nocivas, como o casamento infantil e a mutilação genital feminina (MGF), têm efeitos negativos profundos na saúde, no bem-estar e na autonomia das mulheres e das raparigas. A meta 5.3 apela a esforços concertados para erradicar estas tradições prejudiciais através de reformas legislativas, do envolvimento da comunidade e da educação. Ao capacitar as mulheres e as raparigas para fazerem escolhas informadas sobre os seus corpos e o seu futuro, as sociedades podem quebrar o ciclo de práticas nocivas e promover a igualdade de género.

Meta 5.4: Reconhecer e valorizar os cuidados não remunerados e o trabalho doméstico através da prestação de serviços públicos, de infra-estruturas e de políticas de proteção social e da promoção da responsabilidade partilhada no seio do agregado familiar e da família, conforme apropriado a nível nacional.

Os cuidados não remunerados e o trabalho doméstico, predominantemente desempenhados por mulheres e raparigas, são frequentemente subvalorizados e invisíveis em termos económicos. A meta 5.4 sublinha a necessidade de reconhecer, reduzir e redistribuir este ónus através de políticas e intervenções de apoio. Isto inclui o investimento em infra-estruturas sociais, tais como estruturas de acolhimento de crianças e serviços de cuidados a idosos, a promoção da partilha equitativa das responsabilidades domésticas entre homens e mulheres e a promoção de uma divisão mais equitativa do trabalho no seio das famílias.

Meta 5.5: Assegurar a participação plena e efectiva das mulheres e a igualdade de oportunidades de liderança a todos os níveis de decisão na vida política, económica e pública.

A representação das mulheres nos processos de tomada de decisão, seja na política, nas empresas ou nas instituições públicas, continua a ser desproporcionadamente baixa. A meta 5.5 sublinha a importância de promover a liderança e a participação das mulheres para conseguir estruturas de governação mais inclusivas e reactivas. Tal implica a aplicação de medidas de ação afirmativa, a eliminação dos obstáculos à emancipação política e económica das mulheres e a promoção de um ambiente de apoio que encoraje as aspirações de liderança das mulheres.

Meta 5.6: Garantir o acesso universal à saúde sexual e reprodutiva e aos direitos reprodutivos, tal como acordado em conformidade com o Programa de Ação da Conferência Internacional sobre População e Desenvolvimento e a Plataforma de Ação de Pequim e os documentos finais das respectivas conferências de revisão.

O acesso aos serviços e direitos de saúde sexual e reprodutiva é essencial para a autonomia, o bem-estar e o empoderamento das mulheres. A meta 5.6 reafirma os compromissos assumidos em acordos internacionais para garantir o acesso universal a cuidados de saúde sexual e reprodutiva abrangentes, incluindo o planeamento familiar, os serviços de saúde materna e os direitos reprodutivos. Para tal, é necessário eliminar as barreiras ao acesso, combater o estigma e a discriminação e promover uma educação sexual abrangente para capacitar as mulheres e as raparigas a fazerem escolhas informadas sobre o seu corpo e a sua vida reprodutiva.

Meta 5.A: Realizar reformas para dar às mulheres direitos iguais aos recursos económicos, bem como acesso à propriedade e ao controlo da terra e de outras formas de propriedade, serviços financeiros, herança e recursos naturais, em conformidade com a legislação nacional.

A capacitação económica é fundamental para promover a igualdade de género e os direitos das mulheres. A meta 5.A salienta a importância de eliminar as barreiras legais e estruturais que limitam o acesso das mulheres aos recursos e oportunidades económicas. Isto inclui a promulgação e a aplicação de leis que garantam os direitos de propriedade e fundiários das mulheres, a expansão do acesso das mulheres aos serviços financeiros e ao crédito e a promoção do empreendedorismo e da participação das mulheres nos processos de tomada de decisões económicas.

Objetivo 5.B: Reforçar a utilização de tecnologias facilitadoras, em especial as tecnologias da informação e da comunicação, para promover o empoderamento das mulheres.

A tecnologia, em especial as tecnologias da informação e da comunicação (TIC), tem potencial para ser uma ferramenta poderosa para promover o empoderamento das mulheres e a igualdade de género. A meta 5.B apela ao aproveitamento da tecnologia para colmatar o fosso digital entre os géneros, alargar o acesso das mulheres à educação e às oportunidades económicas e amplificar as vozes das mulheres na esfera digital. Isto implica promover a literacia digital e a formação de competências para mulheres e raparigas, apoiar a participação das mulheres nos domínios STEM e garantir que as políticas e iniciativas em matéria de TIC sejam sensíveis ao género e inclusivas.

Meta 5.C: Adotar e reforçar políticas sólidas e legislação aplicável para promover a igualdade entre os sexos e a emancipação de todas as mulheres e raparigas a todos os níveis.

Os quadros políticos e jurídicos desempenham um papel fundamental na promoção da igualdade de género e do empoderamento das mulheres. A meta 5.C sublinha a importância da adoção e aplicação de leis, políticas e regulamentos que promovam a igualdade entre os sexos, protejam os direitos das mulheres e abordem as práticas discriminatórias. Isto inclui medidas para combater a violência baseada no género, promover a igualdade de oportunidades na educação e no emprego e integrar as considerações de género em todos os sectores da sociedade.

Introdução à Inteligência Artificial (IA) e ao seu impacto crescente em vários sectores

A IA é um campo inovador e transformador que tem evoluído rapidamente nos últimos anos, remodelando vários sectores e indústrias em todo o mundo. Na sua essência, a IA refere-se ao desenvolvimento de máquinas inteligentes capazes de realizar tarefas que normalmente requerem inteligência humana. Estas tarefas incluem a aprendizagem, o raciocínio, a resolução de problemas, a perceção e a compreensão da linguagem. O advento da IA desencadeou uma onda de avanços tecnológicos, com impacto em sectores que vão desde os cuidados de saúde e as finanças até à educação e muito mais.

Um dos principais factores subjacentes ao rápido crescimento da IA é a sua capacidade de analisar conjuntos de dados maciços e extrair informações valiosas. A aprendizagem automática, um subconjunto da IA, permite que os sistemas aprendam e melhorem com a experiência sem serem explicitamente programados. Esta capacidade de aprendizagem permitiu que as aplicações de IA se destacassem em tarefas como o reconhecimento de imagens, o processamento de linguagem natural e a análise de dados, tornando-a uma ferramenta poderosa em diversos sectores.

No sector da saúde, a IA demonstrou o seu potencial para revolucionar os cuidados, o diagnóstico e o tratamento dos doentes. Os algoritmos de IA podem analisar imagens médicas, detetar anomalias e prever a progressão da doença. Além disso, os chatbots e os assistentes virtuais alimentados por IA estão a melhorar o envolvimento dos pacientes e a fornecer informações médicas atempadas. A integração da IA nos cuidados de saúde não só melhora a eficiência, como também contribui para planos de tratamento mais precisos e personalizados.

No sector financeiro, a IA está a desempenhar um papel fundamental na gestão do risco, na deteção de fraudes e nas estratégias de investimento. Os algoritmos de aprendizagem automática analisam dados financeiros em tempo real, identificando padrões e anomalias que podem passar despercebidos pelos métodos tradicionais. Os chatbots e os assistentes virtuais baseados em IA também estão a ser utilizados no serviço ao cliente, fornecendo recomendações personalizadas e simplificando as transacções financeiras.

O sector da educação está a sofrer uma transformação com a integração das tecnologias de IA. Os sistemas de tutoria inteligentes utilizam a IA para adaptar os materiais de aprendizagem a cada aluno, proporcionando experiências educativas personalizadas e interactivas. Além disso, a IA facilita a automatização das tarefas administrativas, permitindo que os educadores se concentrem mais no ensino e na orientação dos alunos. O potencial da IA para melhorar a educação reside não só na personalização, mas também na resposta aos desafios de acessibilidade através de ferramentas como a tradução de línguas e o reconhecimento de voz.

Para além destes sectores, a IA está a dar passos significativos em áreas como a agricultura, a indústria transformadora e os transportes. Na agricultura, os sistemas alimentados por IA analisam dados de sensores e satélites para otimizar o rendimento das culturas, monitorizar a saúde do solo e prever surtos de pragas. Na indústria transformadora, a robótica e a automação impulsionadas pela IA simplificam os processos de produção, melhorando a eficiência e o controlo de qualidade. Nos transportes, a IA está na vanguarda do desenvolvimento de veículos autónomos, optimizando o fluxo de tráfego e melhorando a logística.

O impacto da IA em vários sectores não está isento de desafios. Uma preocupação notável é o potencial de enviesamento dos algoritmos de IA, que pode perpetuar e amplificar as desigualdades existentes. Os dados de formação tendenciosos podem resultar em resultados discriminatórios, especialmente quando se trata de questões relacionadas com o género, a raça e o estatuto socioeconómico. Abordar estes preconceitos é crucial para garantir que as tecnologias de IA contribuem para resultados sociais positivos e não reforçam inadvertidamente as disparidades existentes.

Além disso, as considerações éticas em torno da IA estão a ganhar destaque. À medida que os sistemas de IA se tornam mais autónomos, surgem questões sobre a responsabilidade, a transparência e as implicações éticas dos processos de tomada de decisão. É essencial encontrar um equilíbrio entre inovação e responsabilidade ética para criar confiança nas tecnologias de IA e promover a sua utilização responsável em todos os sectores.

O impacto crescente da IA também levanta questões sobre o futuro do trabalho. Embora a IA tenha o potencial de automatizar tarefas rotineiras e repetitivas, também cria novas oportunidades para o desenvolvimento de competências e a criação de emprego em domínios emergentes. À medida que a força de trabalho se adapta à paisagem em mudança, são necessárias políticas e iniciativas proactivas para garantir uma transição suave e evitar o agravamento das desigualdades existentes.

A introdução da Inteligência Artificial deu início a uma nova era de inovação com implicações de grande alcance em vários sectores. Desde os cuidados de saúde e finanças à educação e muito mais, a IA está a transformar a forma como as tarefas são executadas, as decisões são tomadas e os serviços são prestados. No entanto, a adoção da IA acarreta desafios, incluindo a necessidade de lidar com preconceitos, navegar por considerações éticas e gerir o impacto na força de trabalho. À medida que navegamos nesta fronteira tecnológica, é essencial encontrar um equilíbrio entre o aproveitamento do potencial da IA para benefício da sociedade e a garantia de que a sua implantação está em conformidade com os princípios éticos e os valores sociais.

Abordar as disparidades de género no desenvolvimento e implantação da IA

Abordar as disparidades de género no desenvolvimento e implementação da IA é fundamental para promover uma sociedade mais equitativa e inclusiva. À medida que a IA continua a permear vários aspectos das nossas vidas, desde os cuidados de saúde às finanças e à educação, tem o potencial de reforçar os preconceitos de género existentes ou de servir como uma ferramenta para promover a igualdade de género. Reconhecer e abordar ativamente estas disparidades é crucial para garantir que as tecnologias de IA beneficiam todos os indivíduos, independentemente da identidade de género.

Em primeiro lugar, abordar as disparidades de género na IA é essencial para promover a diversidade e a inclusão no sector tecnológico. Historicamente, as mulheres têm estado sub-representadas nos domínios STEM, incluindo as ciências e a engenharia informáticas, que são fundamentais para a investigação e o desenvolvimento da IA. Esta falta de diversidade pode resultar em algoritmos tendenciosos e sistemas de IA que não representam ou não satisfazem adequadamente as necessidades de populações diversas. Ao promover um ambiente mais inclusivo no desenvolvimento da IA, podemos tirar partido de um leque mais alargado de perspectivas e conhecimentos, conduzindo a soluções de IA mais robustas e equitativas.

Em segundo lugar, o facto de não se abordar os preconceitos de género na IA perpetua e exacerba as desigualdades existentes na sociedade. Os sistemas de IA treinados em conjuntos de dados tendenciosos ou desenvolvidos sem considerar as implicações de género podem inadvertidamente reforçar estereótipos e discriminação. Por exemplo, os algoritmos tendenciosos utilizados nos processos de contratação podem prejudicar injustamente as mulheres ou os grupos marginalizados, perpetuando as desigualdades sistémicas no emprego. Da mesma forma, os sistemas de tomada de decisão baseados em IA nos cuidados de saúde ou na justiça criminal podem apresentar preconceitos de género, levando a disparidades no tratamento ou nos resultados. Ao abordar ativamente as disparidades de género na IA, podemos mitigar estes efeitos nocivos e trabalhar para uma sociedade mais justa e equitativa.

Além disso, garantir uma IA inclusiva em termos de género é crucial para maximizar os potenciais benefícios das tecnologias de IA para as mulheres e raparigas. A IA tem o poder de enfrentar desafios globais prementes, como o acesso a cuidados de saúde de qualidade, à educação e a oportunidades económicas. No entanto, sem considerar as implicações de género no desenvolvimento e implementação da IA, existe o risco de estas tecnologias poderem inadvertidamente excluir ou colocar em desvantagem as mulheres e as raparigas. Por exemplo, as soluções de cuidados de saúde orientadas para a IA que não são concebidas tendo em conta as necessidades específicas de saúde das mulheres podem não conseguir fornecer diagnósticos exactos ou tratamentos adequados. Ao dar prioridade à igualdade de género na IA, podemos libertar todo o potencial destas tecnologias para melhorar a vida das mulheres e raparigas em todo o mundo.

Além disso, abordar as disparidades de género na IA é essencial para promover um desenvolvimento ético e responsável da IA. As considerações éticas, como a equidade, a transparência e a responsabilidade, são fundamentais para garantir que as tecnologias de IA respeitem os direitos humanos e a dignidade. Os preconceitos de género na IA não só violam estes princípios éticos, como também minam a confiança nos sistemas e instituições de IA. Identificando e atenuando proactivamente os preconceitos de género na IA, podemos defender as normas éticas e construir sistemas de IA mais fiáveis, seguros e socialmente responsáveis.

Além disso, a promoção da igualdade de género na IA é crucial para fazer avançar os progressos no sentido do Objetivo de Desenvolvimento Sustentável 5 (ODS 5): Alcançar a igualdade de género. A IA tem o potencial de ser um poderoso facilitador da igualdade de género, fornecendo soluções inovadoras para enfrentar os principais desafios que as mulheres e as raparigas enfrentam, como o acesso à educação, aos cuidados de saúde e às oportunidades económicas. No entanto, para concretizar este potencial, é essencial garantir que as tecnologias de IA sejam desenvolvidas e implantadas de uma forma sensível ao género, tendo em conta as diversas necessidades, experiências e perspectivas das mulheres e raparigas. Ao integrar considerações de género nas políticas, estratégias e iniciativas de IA, podemos acelerar o progresso para alcançar o ODS 5 e construir um futuro mais inclusivo e sustentável para todos.

Abordar as disparidades de género no desenvolvimento e implementação da IA não é apenas uma questão de justiça social e direitos humanos, mas também um imperativo estratégico para realizar todo o potencial das tecnologias de IA. Ao promover a diversidade e a inclusão na IA, mitigando preconceitos e dando prioridade à igualdade de género, podemos construir sistemas de IA que sejam mais justos, éticos e benéficos para todos os membros da sociedade. À medida que continuamos a aproveitar o poder da IA para enfrentar desafios complexos e impulsionar a inovação, vamos garantir que a igualdade de género permanece na vanguarda dos nossos esforços, moldando um futuro onde a IA serve como uma força para o bem e capacita mulheres e raparigas em todo o mundo.

CAPÍTULO 2

Compreender as disparidades de género na IA

A Inteligência Artificial (IA) está a moldar cada vez mais vários aspectos das nossas vidas, desde os cuidados de saúde às finanças, à educação e muito mais. No entanto, à medida que os sistemas de IA se tornam mais prevalecentes, surgem preocupações sobre a presença de preconceitos de género nesses sistemas.

Compreender o preconceito de género na IA: O preconceito de género na IA refere-se à presença de distinções ou preferências sistemáticas e injustas baseadas no género nos sistemas de IA. Estes preconceitos podem manifestar-se de várias formas, incluindo, entre outras, a tomada de decisões algorítmicas, o processamento de linguagem natural e o reconhecimento de imagens. Para compreender o âmbito do preconceito de género na IA, é essencial dissecar as suas origens e manifestações.

Origens dos preconceitos de género na IA: Os preconceitos de género nos algoritmos e conjuntos de dados da IA resultam frequentemente de preconceitos e desigualdades sociais históricos. Os sistemas de IA são treinados com base em vastos conjuntos de dados que reflectem as interacções e os comportamentos do mundo real. No entanto, estes conjuntos de dados podem codificar inerentemente preconceitos sociais, perpetuando os estereótipos e as desigualdades de género existentes. Além disso, a falta de diversidade na comunidade de desenvolvimento da IA pode exacerbar estes preconceitos, uma vez que os programadores podem inadvertidamente incorporar os seus próprios preconceitos nos algoritmos que criam.

Manifestações de preconceitos de género na IA: Os preconceitos de género nos algoritmos de IA podem manifestar-se de várias formas, afectando tanto a conceção como os resultados dos sistemas de IA. Por exemplo, nos algoritmos de recrutamento e contratação, os preconceitos de género podem dar prioridade aos candidatos do sexo masculino em detrimento de candidatos do sexo feminino igualmente qualificados. Do mesmo modo, nos modelos de processamento de linguagem natural, os preconceitos podem levar à classificação ou representação incorrecta de linguagem específica do género, reforçando estereótipos e marginalizando determinados grupos.

Análise dos preconceitos de género existentes: Para examinar exaustivamente os preconceitos de género existentes nos algoritmos e conjuntos de dados de IA, é crucial analisar exemplos do mundo real e estudos de caso. Um desses exemplos é a utilização da tecnologia de reconhecimento facial, em que os estudos revelaram disparidades significativas nas taxas de precisão com base no género e na raça. Uma investigação conduzida por Joy Buolamwini e Timnit Gebru demonstrou que os sistemas comerciais de reconhecimento facial apresentavam taxas de erro mais elevadas para indivíduos de pele mais escura, em especial mulheres, o que evidencia a presença de preconceitos raciais e de género nestes sistemas.

Além disso, os estudos demonstraram a existência de preconceitos de género nos algoritmos de processamento da linguagem, com certos modelos linguísticos a gerarem respostas estereotipadas de género ou a apresentarem associações de palavras baseadas no género. Por exemplo, um estudo realizado por Bolukbasi et al. concluiu que os modelos de incorporação de palavras treinados em grandes corpora de texto reflectiam frequentemente estereótipos de género, associando certas profissões ou papéis a géneros específicos.

Além disso, os preconceitos de género na IA podem estender-se às aplicações de cuidados de saúde, em que os algoritmos podem apresentar taxas de precisão diferenciadas ou recomendações de diagnóstico baseadas no género. Por exemplo, a investigação demonstrou que os algoritmos médicos utilizados para diagnosticar doenças cardíacas podem ser menos precisos para as mulheres devido à sub-representação de pacientes do sexo feminino nos conjuntos de dados de treino.

Implicações e consequências: A presença de preconceitos de género em algoritmos e conjuntos de dados de IA pode ter consequências de longo alcance, perpetuando desigualdades e reforçando práticas discriminatórias. No recrutamento e contratação, os algoritmos tendenciosos podem exacerbar as disparidades de género existentes na força de trabalho, limitando as oportunidades para as mulheres e outros grupos marginalizados. Do mesmo modo, nos cuidados de saúde, os algoritmos tendenciosos podem resultar em diagnósticos incorrectos ou tratamentos inadequados para determinadas populações de doentes, pondo vidas em risco.

Além disso, a perpetuação de estereótipos e preconceitos de género pelos sistemas de IA pode contribuir para a marginalização e discriminação de indivíduos com base na sua identidade de género. Ao reforçar noções estreitas e ultrapassadas de papéis e capacidades de género, os algoritmos de IA tendenciosos podem impedir o progresso no sentido da igualdade de género e da inclusão social.

Abordar o preconceito de género na IA: Abordar o preconceito de género na IA requer uma abordagem multifacetada que envolva partes interessadas de diversas origens, incluindo decisores políticos, tecnólogos, investigadores e organizações da sociedade civil. Algumas estratégias potenciais para mitigar o preconceito de género na IA incluem:

Representação diversificada: Promover a diversidade e a inclusão na comunidade de desenvolvimento da IA para garantir que as diversas perspectivas e experiências se reflectem na conceção algorítmica e nos processos de tomada de decisões.

Deteção e atenuação de enviesamentos: Implementação de testes rigorosos e protocolos de avaliação para detetar e mitigar o enviesamento em algoritmos e conjuntos de dados de IA. Isto inclui a auditoria de dados de treino para detetar enviesamentos, bem como o desenvolvimento de algoritmos que sejam robustos para diversos grupos demográficos.

Transparência e responsabilidade: Reforçar a transparência e a responsabilidade nos processos de desenvolvimento e implementação da IA para permitir o controlo e a supervisão da tomada de decisões algorítmicas. Isto inclui documentar as fontes de dados de formação, os critérios de tomada de decisão utilizados pelos algoritmos e os potenciais impactos em diferentes grupos demográficos.

Directrizes e normas éticas: Desenvolver directrizes e normas éticas para a conceção e implantação responsáveis de sistemas de IA, com considerações específicas para abordar os preconceitos de género e promover a justiça e a equidade.

Os enviesamentos de género nos algoritmos e conjuntos de dados da IA representam um desafio significativo que deve ser abordado para concretizar todo o potencial da IA na promoção da igualdade de género e da justiça social. Ao examinar criticamente as origens, manifestações e consequências dos preconceitos de género na IA, podemos trabalhar no sentido de desenvolver sistemas de IA mais inclusivos e equitativos que capacitem indivíduos de todos os géneros. Através de esforços de colaboração e de um empenhamento sustentado, podemos preparar o caminho para um futuro em que a IA sirva de ferramenta para promover a diversidade, a inclusão e a igualdade.

Análise da sub-representação das mulheres na investigação e desenvolvimento de IA

A IA é uma das tecnologias mais transformadoras do século XXI, prometendo revolucionar as indústrias, as economias e as sociedades em todo o mundo. No entanto, à medida que a IA continua a proliferar, tornou-se cada vez mais evidente que as mulheres continuam a estar significativamente sub-representadas nas funções de Investigação e Desenvolvimento (I&D) da IA. Esta disparidade não só limita a diversidade de perspectivas na inovação da IA, como também perpetua os preconceitos de género nos sistemas de IA, impedindo assim o progresso no sentido da igualdade de género.

Factores que contribuem para a sub-representação: Vários factores interligados contribuem para a sub-representação das mulheres na I&D em IA

Estereótipos e preconceitos: Os estereótipos e preconceitos sociais desencorajam frequentemente as raparigas e as mulheres de seguirem áreas STEM (Ciência, Tecnologia, Engenharia e Matemática), incluindo a ciência e a engenharia informática, que são fundamentais para a I&D em IA. Desde muito cedo, as raparigas são afastadas das disciplinas técnicas devido aos estereótipos prevalecentes que as associam à masculinidade. Este condicionamento social limita o interesse e a confiança das raparigas em seguir carreiras relacionadas com a IA.

Falta de modelos e de tutoria: A ausência de modelos femininos visíveis na I&D em IA agrava a sub-representação das mulheres neste domínio. Sem figuras de referência para imitar, as aspirantes a tecnólogas podem sentir-se isoladas e sem apoio. Além disso, a escassez de mentores e defensores do sexo feminino dificulta ainda mais o desenvolvimento profissional e a progressão das mulheres nas carreiras de IA.

Cultura e preconceitos no local de trabalho: Na indústria tecnológica, dominada pelos homens, as mulheres deparam-se frequentemente com culturas hostis ou pouco acolhedoras no local de trabalho, caracterizadas por preconceitos de género, discriminação e assédio. Estes ambientes hostis contribuem para o afastamento das mulheres das funções de I&D em IA e dissuadem as potenciais candidatas de se juntarem a este sector.

Práticas de contratação e promoção: As práticas preconceituosas de contratação e promoção perpetuam a sub-representação das mulheres na I&D em IA, favorecendo os candidatos do sexo masculino e subvalorizando as contribuições das mulheres. Processos de recrutamento neutros em termos de género, avaliações de desempenho equitativas e critérios de promoção transparentes são essenciais para promover a diversidade de género e a inclusão nas organizações de IA.

Consequências da sub-representação

A sub-representação das mulheres na I&D em IA tem consequências de grande alcance para a inovação, a equidade e o bem-estar da sociedade:

Preconceitos nos sistemas de IA: As disparidades de género entre os programadores de IA resultam em algoritmos e tecnologias tendenciosos que reflectem e perpetuam as desigualdades sociais. Os sistemas de IA treinados com base em conjuntos de dados tendenciosos ou concebidos sem perspectivas diversas podem reforçar estereótipos prejudiciais, exacerbar a discriminação e perpetuar preconceitos de género sistémicos em áreas como a contratação, o crédito e a justiça criminal.

Oportunidades de inovação perdidas: Ao excluir as mulheres da I&D em IA, a indústria tecnológica perde perspectivas, conhecimentos e talentos diversos que poderiam impulsionar a inovação e a criatividade. A investigação demonstra que as equipas diversificadas são mais inovadoras, tomam melhores decisões e superam as equipas homogéneas na resolução de problemas e no desempenho.

Disparidades económicas: A sub-representação das mulheres na I&D em IA exacerba as disparidades económicas baseadas no género, limitando o acesso das mulheres a empregos tecnológicos altamente remunerados e com procura. À medida que a IA molda cada vez mais os mercados de trabalho e impulsiona o crescimento económico, a exclusão das mulheres das carreiras de IA perpetua as desigualdades de género em termos de rendimento, riqueza e oportunidades económicas.

Implicações éticas: A sub-representação das mulheres na I&D em IA levanta preocupações éticas relativamente à justiça, responsabilidade e transparência nos sistemas de IA. Sem perspectivas diversas e supervisão, as tecnologias de IA correm o risco de amplificar os preconceitos existentes, discriminar grupos marginalizados e corroer a confiança do público na IA.

Estratégias para combater a sub-representação

Para resolver o problema da sub-representação das mulheres na I&D em IA, são necessários esforços concertados das partes interessadas do meio académico, da indústria, do governo e da sociedade civil:

Incentivar o interesse das raparigas pelas STEM: Promover o ensino das STEM e fomentar o interesse das raparigas pela IA e pelas ciências informáticas desde tenra idade é essencial para aumentar o número de mulheres que entram nas carreiras de I&D em IA. Proporcionar orientação, modelos e oportunidades de aprendizagem prática pode inspirar e capacitar as raparigas para seguirem carreiras em IA.

Criar ambientes de trabalho inclusivos: As organizações de IA devem cultivar culturas inclusivas no local de trabalho que valorizem a diversidade, a equidade e a inclusão. A implementação de iniciativas de diversidade e inclusão, o fornecimento de formação sobre preconceitos inconscientes e a promoção de alianças entre os funcionários podem ajudar a criar ambientes onde as mulheres se sintam apoiadas, respeitadas e capacitadas para ter sucesso.

Recrutamento e retenção de mulheres na IA: A implementação de práticas de recrutamento e retenção inclusivas em termos de género, tais como a triagem de currículos sem distinção de género, painéis de entrevista diversificados e acordos de trabalho flexíveis, pode atrair e reter mulheres em funções de I&D em IA. Além disso, oferecer oportunidades de desenvolvimento profissional, formação em liderança e orientação pode apoiar o avanço e a progressão da carreira das mulheres neste domínio.

Promover a investigação sobre o género e a IA: Incentivar a investigação sobre a intersecção entre o género e a IA é essencial para compreender e abordar as disparidades de género na I&D em IA. O financiamento de projectos de investigação, o apoio a colaborações interdisciplinares e a promoção do diálogo entre investigadores, profissionais e decisores políticos podem gerar conhecimentos e soluções para promover a diversidade e a equidade de género na IA.

A sub-representação das mulheres na I&D em IA coloca desafios significativos à inovação, à justiça e ao bem-estar da sociedade. Abordar esta questão crítica requer esforços concertados para desmantelar as barreiras sistémicas, promover a diversidade e a inclusão e fomentar oportunidades equitativas para as mulheres nas carreiras de IA. Ao aproveitar os talentos e as perspectivas das mulheres, a indústria da IA pode impulsionar avanços mais inclusivos, éticos e sustentáveis que beneficiem todos os membros da sociedade.

Estudos de caso: Discriminação de género perpetuada por sistemas de IA

Estudo de caso 1: Preconceito de género nos algoritmos de contratação: Em 2018, um estudo realizado por investigadores da Universidade de Washington revelou preconceitos de género nos algoritmos de contratação utilizados por empresas tecnológicas proeminentes. Os algoritmos, concebidos para selecionar candidatos a emprego, favoreciam sistematicamente os candidatos do sexo masculino em detrimento de candidatos do sexo feminino igualmente qualificados. O enviesamento resultava de dados históricos de contratação, que consistiam predominantemente em contratações masculinas, levando o algoritmo a aprender e a replicar este enviesamento. Este caso realça a forma como os sistemas de IA podem perpetuar a discriminação de género ao replicar os preconceitos presentes nos dados de formação. Apesar das intenções de simplificar e otimizar os processos de contratação, estes algoritmos reforçaram inadvertidamente as disparidades de género na indústria tecnológica, marginalizando ainda mais as mulheres.

Estudo de caso 2: Sistemas de reconhecimento facial enviesados: A tecnologia de reconhecimento facial tem vindo a ser amplamente utilizada em vários sectores, incluindo a aplicação da lei, o marketing e a vigilância. No entanto, estudos demonstraram que estes sistemas apresentam preconceitos raciais e de género, conduzindo a resultados inexactos e discriminatórios. Num caso notável, Joy Buolamwini, uma investigadora do MIT Media Lab, descobriu que vários sistemas comerciais de reconhecimento facial tinham um desempenho significativamente melhor em rostos masculinos do que em rostos femininos, particularmente em mulheres de pele mais escura. Este preconceito resultou da falta de diversidade nos conjuntos de dados de treino utilizados para desenvolver os algoritmos. Este caso sublinha a importância de conjuntos de dados diversificados e inclusivos no desenvolvimento da IA para atenuar os preconceitos raciais e de género na tecnologia de reconhecimento facial.

Estudo de caso 3: Modelos linguísticos com base no género: Os modelos linguísticos, como os desenvolvidos por grandes empresas de tecnologia, desempenham um papel crucial nas tarefas de processamento de linguagem natural, incluindo a geração de texto e a análise de sentimentos. No entanto, estes modelos podem, inadvertidamente, perpetuar estereótipos e preconceitos de género presentes nos dados de treino. Um estudo realizado por investigadores da Universidade de Copenhaga revelou que certos modelos linguísticos apresentavam preconceitos de género nos seus resultados. Por exemplo, quando solicitados com frases neutras em termos de género, os modelos geravam frequentemente respostas que se alinhavam com os papéis tradicionais de género, como associar "enfermeira" a mulher e "engenheiro" a homem. Este caso realça a necessidade de um exame minucioso e de estratégias de mitigação para resolver os preconceitos de género nos modelos linguísticos e garantir uma representação justa e equitativa nos conteúdos gerados por IA.

Estudo de caso 4: Algoritmos de pontuação de crédito discriminatórios: As instituições financeiras confiam cada vez mais em algoritmos de IA para avaliar a capacidade de crédito e determinar a aprovação de empréstimos. No entanto, estes algoritmos podem perpetuar a discriminação de género ao incorporar variáveis tendenciosas que desfavorecem desproporcionadamente as mulheres. Um estudo realizado por investigadores do Consumer Financial Protection Bureau encontrou provas de preconceito de género nos modelos de pontuação de crédito utilizados pelos credores hipotecários. Factores como o historial de emprego e o rendimento, que podem ser influenciados por disparidades de género sistémicas, foram ponderados de forma a prejudicar as mulheres candidatas. Este caso sublinha a importância da transparência e da responsabilidade nos processos de decisão algorítmica para evitar resultados discriminatórios nos serviços financeiros.

Estudo de caso 5: Disparidades nos cuidados de saúde no diagnóstico médico com IA: Os sistemas de diagnóstico médico baseados em IA prometem melhorar os resultados dos cuidados de saúde, ajudando os médicos a diagnosticar doenças e a recomendar planos de tratamento. No entanto, estes sistemas podem, inadvertidamente, perpetuar as disparidades de género nos cuidados de saúde, ao não terem em conta as diferenças de sintomas e factores de risco entre homens e mulheres. Uma investigação publicada no Journal of the American Medical Association (JAMA) revelou que certos algoritmos de IA utilizados para diagnosticar doenças cardíacas apresentavam preconceitos de género, o que resultava em taxas de precisão mais baixas no diagnóstico de ataques cardíacos em mulheres do que em homens. Os algoritmos foram treinados em conjuntos de dados que incluíam predominantemente pacientes do sexo masculino, o que levou a uma sub-representação e a uma classificação incorrecta dos sintomas em pacientes do sexo feminino. Este caso sublinha a importância de conjuntos de dados diversificados e representativos no desenvolvimento de soluções de cuidados de saúde baseadas em IA para garantir um diagnóstico e tratamento equitativos para todos os doentes.

Estudo de caso 6: Algoritmos de publicidade com base no género: As plataformas de publicidade online utilizam algoritmos de IA para direcionar os utilizadores com anúncios personalizados com base nos seus interesses e dados demográficos. No entanto, estes algoritmos podem perpetuar estereótipos de género e reforçar a discriminação baseada no género nos conteúdos publicitários. Um estudo realizado por investigadores da Universidade Carnegie Mellon encontrou provas de preconceito de género nos algoritmos de publicidade online, com anúncios de empregos bem remunerados exibidos desproporcionalmente a utilizadores do sexo masculino em comparação com utilizadores do sexo feminino. Este enviesamento resultou de decisões algorítmicas baseadas em preferências de género e interesses de carreira inferidos, perpetuando as disparidades de género nas oportunidades de emprego. Este caso realça as implicações éticas da tomada de decisões algorítmicas na publicidade em linha e a necessidade de maior transparência e responsabilidade para evitar resultados discriminatórios.

Explorar a interseccionalidade do género, raça, etnia e estatuto socioeconómico na IA

A IA tem um enorme potencial para transformar vários aspectos da sociedade, desde os cuidados de saúde às finanças. No entanto, têm sido levantadas preocupações sobre a presença de preconceitos nos sistemas de IA, em particular no que diz respeito ao género, raça, etnia e estatuto socioeconómico.

Disparidades de género na IA: As disparidades de género na IA estão bem documentadas, estando as mulheres sub-representadas na investigação, desenvolvimento e funções de liderança da IA. Esta falta de diversidade leva a preconceitos de género nos algoritmos e conjuntos de dados da IA, perpetuando as desigualdades. Por exemplo, os algoritmos tendenciosos nos processos de contratação podem prejudicar as mulheres, aumentando ainda mais a diferença de género na força de trabalho.

Interseccionalidade com a raça e a etnia: Quando se considera a raça e a etnia a par do género na IA, a interseccionalidade torna-se evidente. As mulheres de cor enfrentam desafios e preconceitos únicos nos sistemas de IA. Estudos demonstraram que os algoritmos de reconhecimento facial são menos precisos para as mulheres de cor em comparação com as mulheres brancas, levando a erros de identificação e potenciais danos. Além disso, os preconceitos nos sistemas de policiamento preditivo orientados para a IA visam desproporcionalmente as comunidades de cor, perpetuando as injustiças raciais.

Estatuto socioeconómico e IA: O estatuto socioeconómico também se cruza com o género e a raça nas aplicações de IA. Os indivíduos de meios socioeconómicos mais baixos podem ter acesso limitado às tecnologias de IA, exacerbando as disparidades existentes. Por exemplo, as inovações nos cuidados de saúde impulsionadas pela IA podem não chegar às comunidades marginalizadas devido à falta de acesso ou acessibilidade, aumentando as disparidades na saúde.

Impactos na educação e no emprego: A interseccionalidade do género, raça, etnia e estatuto socioeconómico na IA influencia significativamente as oportunidades de educação e emprego. Algoritmos tendenciosos em software educativo podem colocar em desvantagem estudantes de meios marginalizados, perpetuando as desigualdades no desempenho académico. Da mesma forma, os sistemas de contratação baseados em IA podem inadvertidamente favorecer grupos privilegiados, dificultando as oportunidades para indivíduos de comunidades marginalizadas.

Abordar os preconceitos intersectoriais na IA: Abordar os preconceitos intersectoriais na IA exige uma abordagem multifacetada. Em primeiro lugar, a diversidade e a inclusão devem ser priorizadas nas equipas de investigação e desenvolvimento de IA para garantir uma gama mais ampla de perspectivas. Em segundo lugar, é crucial testar e auditar minuciosamente os algoritmos de IA para detetar preconceitos nas identidades interseccionais. Além disso, os decisores políticos devem promulgar regulamentos para responsabilizar os criadores de IA pela mitigação de preconceitos e pela garantia de justiça e equidade nas aplicações de IA.

Educação e sensibilização: A educação e a sensibilização são essenciais para abordar os preconceitos interseccionais na IA. Os programas de formação devem incorporar discussões sobre preconceitos, interseccionalidade e ética no currículo da IA. Além disso, a consciencialização dos decisores políticos, das partes interessadas e do público em geral sobre os potenciais danos da IA tendenciosa é imperativa para promover a responsabilização e impulsionar a mudança.

A interseccionalidade do género, da raça, da etnia e do estatuto socioeconómico na IA agrava as disparidades e perpetua as desigualdades no âmbito das tecnologias de IA. Abordar estes preconceitos interseccionais requer esforços concertados de decisores políticos, investigadores, programadores e educadores. Ao dar prioridade à diversidade, equidade e inclusão no desenvolvimento e implementação da IA, podemos esforçar-nos por criar sistemas de IA mais equitativos e justos que beneficiem todos os membros da sociedade, independentemente das suas identidades interseccionais.

Capítulo 3

Tirar partido da IA para o empoderamento das mulheres

A IA surgiu como uma ferramenta poderosa com potencial para impulsionar mudanças transformadoras em vários sectores, incluindo os cuidados de saúde, a educação, as finanças e o empreendedorismo.

Cuidados de saúde: Revolucionar o acesso e os cuidados

A IA tem a capacidade de revolucionar os cuidados de saúde, melhorando o acesso, o diagnóstico e o tratamento. As disparidades de género nos cuidados de saúde resultam frequentemente de preconceitos na investigação, diagnóstico e planos de tratamento. As tecnologias de IA podem ajudar a atenuar estes preconceitos, analisando vastos conjuntos de dados, identificando padrões e fornecendo soluções de cuidados de saúde personalizadas.

Medicina de precisão: A IA pode analisar dados genéticos e clínicos para desenvolver planos de tratamento personalizados, respondendo às necessidades únicas das mulheres em termos de cuidados de saúde.

Cuidados de saúde à distância: As plataformas de telemedicina alimentadas por IA permitem que as mulheres, especialmente as que vivem em zonas remotas, acedam a serviços de saúde, quebrando as barreiras geográficas.

Análise preditiva: Os algoritmos de IA podem prever riscos de saúde, permitindo intervenções proactivas e medidas preventivas adaptadas às preocupações de saúde das mulheres.

Educação: Promover a inclusão e a igualdade de oportunidades

No sector da educação, a IA pode desempenhar um papel fundamental na promoção da inclusão e na oferta de oportunidades iguais para as mulheres em termos de acesso a uma educação de qualidade, desenvolvimento de competências e progressão na carreira.

Aprendizagem personalizada: As plataformas de aprendizagem adaptativa orientadas para a IA atendem a estilos de aprendizagem individuais, garantindo que as mulheres recebem experiências educativas personalizadas.

Abordar os preconceitos de género: A IA pode ajudar a identificar e a retificar os preconceitos de género nos materiais educativos, assegurando uma representação mais equitativa das mulheres nos currículos.

Desenvolvimento de competências: As plataformas alimentadas por IA podem facilitar o desenvolvimento de competências e a formação profissional, capacitando as mulheres para se destacarem em diversos domínios.

Finanças: Redefinir o empoderamento económico

O empoderamento económico é um aspeto fundamental da igualdade de género e a IA pode contribuir significativamente para superar os desafios que as mulheres enfrentam no sector financeiro.

Acesso a serviços financeiros: As soluções fintech baseadas em IA podem fornecer serviços financeiros inclusivos, permitindo que as mulheres tenham acesso a oportunidades bancárias, de crédito e de investimento.

Empréstimos algorítmicos: Os algoritmos de IA podem atenuar os preconceitos de género nas decisões de empréstimo, garantindo um acesso justo aos recursos financeiros para as mulheres empresárias.

Inclusão financeira: Os chatbots e os assistentes virtuais alimentados por IA podem oferecer apoio à literacia financeira, ajudando as mulheres a tomar decisões financeiras informadas.

Empreendedorismo: Quebrar barreiras para empresas lideradas por mulheres

O empreendedorismo é uma via vital para o empoderamento económico das mulheres e as tecnologias de IA podem quebrar barreiras, promovendo um ecossistema empresarial mais inclusivo.

Acesso ao financiamento: A análise preditiva baseada em IA pode identificar empreendimentos promissores liderados por mulheres, colmatando a lacuna de financiamento ao fornecer informações baseadas em dados aos investidores.

Inteligência de mercado: As ferramentas de IA podem oferecer informações valiosas sobre o mercado, ajudando as mulheres empresárias a tomar decisões informadas e a identificar oportunidades lucrativas.

Criação de redes e tutoria: As plataformas de IA podem facilitar a criação de redes e oportunidades de orientação, ligando as mulheres empresárias a especialistas do sector e a potenciais colaboradores.

Aproveitar as tecnologias de IA para a igualdade de género nos cuidados de saúde, na educação, nas finanças e no empreendedorismo não é apenas um imperativo tecnológico, mas também um imperativo moral e social. À medida que navegamos nas complexidades da integração da IA nestes sectores, é crucial mantermo-nos vigilantes em relação a potenciais armadilhas e preconceitos, garantindo que os benefícios da IA são distribuídos de forma equitativa. Ao implementar estrategicamente a IA, podemos remodelar estes domínios críticos, criando um futuro em que a igualdade de género não é apenas uma aspiração, mas uma realidade tangível.

Iniciativas de IA transformadoras: Capacitar as mulheres em todo o mundo

Nos últimos anos, a integração da inteligência artificial (IA) em vários sectores abriu oportunidades sem precedentes para a capacitação das mulheres a nível mundial. Desde a melhoria do acesso à educação e aos cuidados de saúde até à promoção do empreendedorismo e da inclusão financeira, as iniciativas orientadas para a IA estão a catalisar mudanças positivas e a promover a igualdade de género.

Uma área notável em que a IA está a fazer uma diferença significativa é a dos cuidados de saúde. As ferramentas e os algoritmos alimentados por IA estão a revolucionar o diagnóstico e o tratamento médico, conduzindo a melhores resultados em termos de cuidados de saúde para as mulheres. Por exemplo, em ambientes com poucos recursos, os sistemas de diagnóstico baseados em IA estão a ajudar a detetar doenças como o cancro da mama em fases iniciais, permitindo uma intervenção atempada e salvando vidas. Projectos como o Programa de Rastreio do Cancro do Colo do Útero baseado em IA na Índia rural demonstraram a eficácia da utilização da IA para a deteção precoce e a prevenção de doenças que afectam desproporcionadamente as mulheres.

A educação é outro domínio crítico em que a IA está a desempenhar um papel transformador na capacitação das mulheres. Com o surgimento de plataformas de aprendizagem online e de tecnologias educativas baseadas em IA, as mulheres, em particular as de comunidades carenciadas, estão a ter acesso a uma educação de qualidade e à formação de competências. Por exemplo, iniciativas como os tutores chatbot alimentados por IA desenvolvidos por organizações como a UNESCO e o Banco Mundial estão a proporcionar experiências de aprendizagem personalizadas e apoio académico a raparigas e mulheres, ajudando-as a ultrapassar as barreiras à educação e a atingir todo o seu potencial.

Além disso, a IA está a impulsionar a inovação no domínio da capacitação económica, promovendo o empreendedorismo e a inclusão financeira entre as mulheres. As empresas em fase de arranque e as empresas sociais estão a tirar partido das tecnologias de IA para desenvolver soluções que respondam aos desafios únicos enfrentados pelas mulheres empresárias, como o acesso ao capital e às oportunidades de mercado. Por exemplo, plataformas como a SheWorks! e a WEConnect International utilizam algoritmos de IA para fazer corresponder empresas detidas por mulheres a compradores e investidores empresariais, facilitando a capacitação económica e promovendo o crescimento inclusivo.

Para além dos cuidados de saúde, da educação e do empreendedorismo, a IA está também a ser utilizada para combater a violência baseada no género e melhorar o acesso das mulheres à justiça. As soluções baseadas em IA, como os chatbots e as aplicações móveis, permitem que as sobreviventes de violência de género tenham acesso a informações, serviços de apoio e assistência jurídica. Projectos como a aplicação SafeCity, que utiliza algoritmos de IA para mapear incidentes de assédio sexual e violência em áreas urbanas, permitem que as mulheres denunciem incidentes de forma anónima e contribuem para a criação de comunidades mais seguras.

Além disso, a IA está a ser utilizada para promover a diversidade de género e a inclusão no local de trabalho. As empresas estão a utilizar ferramentas de recrutamento baseadas em IA para eliminar preconceitos do processo de contratação e garantir a igualdade de oportunidades para as mulheres. Ao analisar descrições de funções, currículos e perfis de candidatos, estas ferramentas ajudam a identificar candidatos qualificados com base no mérito, em vez de no género ou noutros factores demográficos. Da mesma forma, os programas de diversidade e inclusão orientados por IA fornecem às organizações informações e recomendações para a criação de ambientes de trabalho mais inclusivos que capacitam as mulheres e promovem a diversidade a todos os níveis.

Embora estas iniciativas de IA sejam muito promissoras para capacitar as mulheres a nível mundial, é essencial abordar os potenciais desafios e riscos associados à sua implementação. Uma das principais preocupações é a perpetuação de preconceitos e discriminação nos algoritmos de IA, que podem reforçar as desigualdades de género existentes. Para mitigar estes riscos, é crucial dar prioridade à diversidade e à inclusão nas equipas de desenvolvimento de IA e garantir a utilização ética e responsável das tecnologias de IA.

Além disso, é necessário um maior investimento em programas de educação e formação de competências em matéria de IA, em especial para mulheres e raparigas em comunidades carenciadas. Ao equipá-las com o conhecimento e as ferramentas para aproveitar o poder da IA, podemos capacitá-las para impulsionar a inovação, criar mudanças positivas e contribuir para o desenvolvimento sustentável. As iniciativas orientadas para a IA têm o potencial de transformar a vida das mulheres em todo o mundo, abordando os principais desafios e barreiras à igualdade de género. Desde a melhoria do acesso aos cuidados de saúde e à educação até à promoção do empoderamento económico e à luta contra a violência baseada no género, a IA está a abrir novas oportunidades e a impulsionar mudanças positivas. No entanto, a realização de todo o potencial da IA para o empoderamento das mulheres exige esforços concertados dos governos, da sociedade civil, do sector privado e de outras partes interessadas para garantir que as tecnologias de IA sejam utilizadas de forma responsável e inclusiva. Ao aproveitar o poder da IA para o bem social, podemos criar um futuro mais equitativo e sustentável para todos.

O potencial da IA para combater a violência baseada no género e melhorar o acesso das mulheres à justiça

A violência baseada no género (VBG) continua a ser um problema global generalizado, que afecta milhões de mulheres e raparigas em todo o mundo. Desde a violência doméstica à agressão sexual e ao tráfico de seres humanos, a

VBG manifesta-se de várias formas, perpetuando ciclos de medo, trauma e injustiça. Apesar dos esforços concertados para resolver esta questão, persistem desafios significativos no combate efetivo à VBG e na garantia de acesso à justiça para os sobreviventes. No entanto, o surgimento da IA apresenta uma oportunidade transformadora para aumentar as abordagens existentes e fazer avançar a luta contra a VBG.

As tecnologias de IA, alimentadas por algoritmos de aprendizagem automática e análise de grandes volumes de dados, oferecem soluções inovadoras para lidar com as complexidades da VBG. Ao analisar grandes quantidades de dados, incluindo publicações nas redes sociais, conversas em linha e relatórios de incidentes, a IA pode detetar padrões e tendências indicativos de potenciais casos de VBG. Por exemplo, os algoritmos de processamento de linguagem natural podem identificar padrões de linguagem associados a comportamentos abusivos ou sinais de angústia nas comunicações digitais, permitindo a intervenção precoce e o apoio a indivíduos em risco.

Além disso, a análise preditiva baseada em IA pode melhorar os modelos de avaliação de risco utilizados pelas agências de aplicação da lei e de serviços sociais para identificar casos de alto risco e afetar recursos de forma mais eficaz. Ao analisar dados históricos sobre incidentes de VBG, os algoritmos de IA podem identificar factores que contribuem para um risco acrescido, tais como disparidades socioeconómicas, antecedentes criminais e localização geográfica. Esta abordagem baseada em dados permite às partes interessadas dar prioridade às intervenções e afetar recursos onde são mais necessários, melhorando, em última análise, a prevenção e a resposta à VBG.

Para além da prevenção, a IA tem um enorme potencial para melhorar o acesso à justiça por parte dos sobreviventes da VBG. O sistema legal tradicional coloca muitas vezes barreiras à justiça para os sobreviventes, incluindo processos judiciais morosos, falta de provas e medo de retaliação. No entanto, as ferramentas alimentadas por IA podem simplificar o processo legal e fornecer apoio crítico aos sobreviventes que navegam no sistema judicial.

Uma dessas aplicações são os chatbots e assistentes virtuais baseados em IA, concebidos para fornecer informações jurídicas, orientação e apoio emocional aos sobreviventes. Estes sistemas de apoio virtual utilizam o processamento de linguagem natural e a análise de sentimentos para interagir com os sobreviventes de uma forma compassiva e empática, oferecendo recursos e referências personalizados com base nas suas necessidades específicas. Ao fornecerem acesso a informações e apoio 24 horas por dia, 7 dias por semana, estas ferramentas baseadas em IA permitem que os sobreviventes tomem decisões informadas sobre os seus direitos e opções legais, melhorando assim o seu acesso à justiça.

Além disso, a análise de dados com recurso à IA pode facilitar a recolha e análise de provas em casos de violência baseada no género, ultrapassando os desafios tradicionais associados ao depoimento de testemunhas e ao exame forense. Por exemplo, os algoritmos de visão computacional podem analisar imagens digitais e vídeos para detetar sinais de abuso ou identificar os perpetradores. Do mesmo modo, os algoritmos de análise de áudio podem analisar gravações de chamadas de emergência ou depoimentos de testemunhas para extrair informações relevantes e identificar os principais pontos de vista. Ao automatizar o processo de recolha de provas, a IA acelera a investigação e a acusação de casos de violência baseada no género, aumentando a probabilidade de resultados positivos para os sobreviventes.

Além disso, as plataformas baseadas em IA podem aumentar a eficiência e a transparência do processo jurídico, reduzindo os obstáculos burocráticos e os atrasos. Por exemplo, a tecnologia blockchain, combinada com algoritmos de IA, pode facilitar a documentação segura e inviolável de procedimentos legais, garantindo a integridade das provas e mantendo a confidencialidade de informações sensíveis. Da mesma forma, os contratos inteligentes alimentados por IA podem automatizar procedimentos legais de rotina, como a apresentação de ordens de restrição ou o agendamento de comparências em tribunal, simplificando as tarefas administrativas e acelerando a aplicação da justiça.

No entanto, embora a IA seja muito promissora no combate à VBG e na melhoria do acesso à justiça para as mulheres, há vários desafios e considerações éticas que devem ser abordados para maximizar o seu impacto. Uma das principais preocupações é o potencial de enviesamento algorítmico, em que os sistemas de IA inadvertidamente perpetuam ou exacerbam as desigualdades e estereótipos existentes. Por exemplo, dados de treinamento tendenciosos ou algoritmos defeituosos podem resultar em resultados discriminatórios, impactando desproporcionalmente as comunidades marginalizadas e reforçando estereótipos prejudiciais. Para mitigar esses riscos, os desenvolvedores devem priorizar a justiça, a responsabilidade e a transparência no design e na implantação de sistemas de IA, incorporando princípios de diversidade, equidade e inclusão em todo o ciclo de vida do desenvolvimento.

Além disso, as preocupações com a privacidade e a segurança dos dados continuam a ser primordiais, particularmente quando se lida com informações sensíveis relacionadas com casos de VBG. As plataformas alimentadas por IA devem aderir a regulamentos rigorosos de proteção de dados e orientações éticas para salvaguardar a confidencialidade e a privacidade das informações pessoais dos sobreviventes. Além disso, os esforços para combater a VBG devem estar enraizados numa abordagem centrada no sobrevivente, dando prioridade às vozes e experiências dos sobreviventes na conceção e implementação de intervenções orientadas para a IA. Ao centrarem-se nas necessidades e preferências dos sobreviventes, as tecnologias de IA podem dar-lhes a possibilidade de recuperarem o seu poder de ação e autonomia no seu percurso rumo à justiça e à cura.

A IA é extremamente promissora na mitigação da violência baseada no género e na melhoria do acesso das mulheres à justiça. Ao tirar partido de conhecimentos baseados em dados e de tecnologias de automatização, a IA pode reforçar os esforços de prevenção, simplificar os procedimentos legais e amplificar as vozes das sobreviventes. No entanto, a concretização deste potencial exige um esforço concertado para lidar com o preconceito algorítmico, garantir a privacidade e a segurança dos dados e adotar uma abordagem centrada no sobrevivente para o desenvolvimento e implementação da IA. Através da ação colaborativa e da inovação ética, podemos aproveitar o poder da IA para criar um mundo mais seguro e mais justo para todos.

Estudos de casos: Aplicações bem sucedidas da IA na promoção dos direitos e oportunidades das mulheres

Estudo de caso 1: Plataforma de tutoria alimentada por IA para mulheres empresárias

Na Índia, uma equipa de tecnólogos e defensores da igualdade de género colaborou no desenvolvimento de uma plataforma de orientação baseada em IA, especificamente concebida para mulheres empresárias. Reconhecendo os desafios enfrentados pelas mulheres no acesso a oportunidades de orientação devido a barreiras culturais e preconceitos de género, a plataforma utiliza algoritmos de aprendizagem automática para fazer corresponder mulheres aspirantes a empresárias a mentores experientes com base no seu sector, objectivos e preferências. Por meio de orientação personalizada, as mulheres recebem orientação, apoio e recursos para navegar pelas complexidades de iniciar e expandir seus negócios. Como resultado, a plataforma capacitou inúmeras mulheres a superar obstáculos, expandir suas redes e alcançar o sucesso em setores tradicionalmente dominados por homens.

Estudo de caso 2: Soluções de cuidados de saúde baseadas em IA para a saúde materna e infantil na África Subsariana

Na África Subsariana, as taxas de mortalidade materna e infantil continuam a ser desproporcionadamente elevadas, agravadas pelo acesso limitado a serviços de saúde de qualidade. Para resolver esta questão premente, uma organização sem fins lucrativos estabeleceu uma parceria com investigadores de IA para desenvolver soluções de cuidados de saúde baseadas em IA adaptadas às necessidades da região. Ao tirar partido da análise preditiva e dos algoritmos de aprendizagem automática, o sistema identifica gravidezes de alto risco e fornece intervenções específicas para garantir cuidados atempados e adequados às futuras mães. Além disso, a plataforma baseada em IA oferece recursos educativos e consultas remotas para capacitar as mulheres com conhecimentos e apoio ao longo da sua jornada materna. Como resultado, os resultados da saúde materna e infantil melhoraram significativamente, demonstrando o potencial transformador da IA na promoção dos direitos reprodutivos e do bem-estar das mulheres.

Estudo de caso 3: Aplicação de aprendizagem de línguas baseada em IA para mulheres refugiadas

Nos campos de refugiados em todo o mundo, o acesso à educação e às oportunidades de aprendizagem de línguas é muitas vezes limitado, sobretudo para as mulheres e raparigas. Reconhecendo a importância da educação para capacitar as mulheres refugiadas e melhorar as suas perspectivas de futuro, uma equipa de programadores criou uma aplicação de aprendizagem de línguas baseada em IA especificamente concebida para mulheres deslocadas. Aproveitando os algoritmos de processamento de linguagem natural (PNL), a aplicação oferece aulas de línguas personalizadas, adaptadas ao nível de proficiência, estilo de aprendizagem e contexto cultural de cada indivíduo. Além disso, a aplicação utiliza a funcionalidade chatbot para fornecer assistência e apoio em tempo real, permitindo que as mulheres ultrapassem as barreiras linguísticas e se envolvam em experiências de aprendizagem significativas. Ao dotar as mulheres refugiadas de competências linguísticas, a aplicação não só melhora a sua integração e participação nas comunidades de acolhimento, como também promove a sua auto-confiança e autonomia.

Estudo de caso 4: Iniciativas de inclusão financeira baseadas em IA para mulheres em zonas rurais

Em muitas zonas rurais de todo o mundo, as mulheres enfrentam barreiras significativas no acesso a serviços financeiros formais, incluindo acesso limitado a infra-estruturas bancárias, práticas discriminatórias e falta de literacia financeira. Para enfrentar estes desafios e promover a inclusão financeira, várias organizações implementaram iniciativas orientadas para a IA, adaptadas às necessidades das mulheres rurais. Ao tirar partido de fontes de dados alternativas, como a utilização de telemóveis e os padrões de compra, os algoritmos de IA avaliam a capacidade de crédito e concedem microempréstimos a mulheres empresárias e a pequenos agricultores. Além disso, os chatbots e as aplicações móveis alimentados por IA fornecem educação e formação financeira, capacitando as mulheres com competências e conhecimentos essenciais de gestão de dinheiro. Através destas iniciativas inovadoras, as mulheres das zonas rurais ganharam um maior controlo sobre as suas finanças, expandiram as suas oportunidades económicas e melhoraram o seu bem-estar geral.

Estudo de caso 5: Assistência jurídica com base em IA para sobreviventes de violência de género

Em muitas partes do mundo, os sobreviventes de violência baseada no género enfrentam inúmeros obstáculos no acesso à justiça e à assistência jurídica, incluindo a falta de recursos, o estigma e o medo de retaliação. Para enfrentar esses desafios e garantir o acesso à justiça para os sobreviventes, uma coligação de organizações de direitos humanos e empresas de tecnologia desenvolveu uma plataforma de assistência jurídica baseada em IA. Utilizando algoritmos de processamento de linguagem natural e análise de sentimentos, a plataforma fornece aos sobreviventes orientação jurídica personalizada, recursos e referências com base em suas necessidades e circunstâncias específicas. Além disso, a plataforma oferece canais de comunicação encriptados para proteger a privacidade e a segurança dos sobreviventes, permitindo-lhes procurar ajuda e navegar no sistema jurídico em segurança. Ao tirar partido da tecnologia de IA, a plataforma facilitou um maior acesso à justiça para os sobreviventes de violência de género, contribuindo para a realização dos direitos e da dignidade das mulheres.

Estudo de caso 6: Plataforma de desenvolvimento de carreira baseada em IA para mulheres em áreas STEM

Nos campos dominados pelos homens da ciência, tecnologia, engenharia e matemática (STEM), as mulheres encontram frequentemente barreiras sistémicas à progressão na carreira, incluindo preconceitos, discriminação e falta de oportunidades de orientação. Para resolver estas disparidades e apoiar as mulheres na prossecução de carreiras de sucesso em STEM, uma equipa de investigadores de IA e profissionais da indústria lançou uma plataforma de desenvolvimento de carreira orientada para a IA. Através da análise de dados e de algoritmos de aprendizagem automática, a plataforma avalia as competências, os interesses e os objectivos de carreira das mulheres, fornecendo recomendações personalizadas para formação, networking e oportunidades de emprego nas áreas STEM. Além disso, a plataforma oferece programas de mentoria virtual, ligando as mulheres a profissionais experientes que fornecem orientação, aconselhamento e apoio ao longo do seu percurso profissional. Ao tirar partido da tecnologia de IA, a plataforma permitiu que as mulheres ultrapassassem barreiras, entrassem nas indústrias STEM e prosperassem nos seus campos escolhidos, impulsionando a inovação e a diversidade na força de trabalho.

Estes estudos de caso demonstram o potencial transformador da IA na promoção dos direitos e oportunidades das mulheres em vários domínios, desde o empreendedorismo e os cuidados de saúde à educação e à assistência jurídica. Ao aproveitar o poder da tecnologia e da inovação, podemos promover a igualdade de género e criar uma sociedade mais inclusiva e equitativa para todos.

CAPÍTULO 4

Abordagem dos desafios e considerações éticas

A IA tem um enorme potencial para promover a igualdade entre homens e mulheres, ao abordar várias barreiras sociais, económicas e culturais. No entanto, apesar da sua promessa, o aproveitamento da IA para a igualdade de género não está isento de desafios e barreiras.

Viés nos algoritmos e dados de IA

Um dos principais desafios na utilização da IA para a igualdade de género é a presença de preconceitos nos algoritmos e nos dados. Os sistemas de IA são treinados com base em dados históricos, que muitas vezes reflectem os preconceitos e as desigualdades existentes na sociedade. Como resultado, os algoritmos de IA podem perpetuar e até exacerbar as disparidades de género nos processos de tomada de decisão, como a contratação, o crédito e a justiça criminal. Por exemplo, os algoritmos tendenciosos utilizados nos processos de recrutamento podem favorecer os candidatos do sexo masculino em detrimento de candidatos do sexo feminino igualmente qualificados, perpetuando assim a discriminação de género no local de trabalho. Do mesmo modo, os sistemas de aprovação de empréstimos alimentados por IA podem negar sistematicamente empréstimos a mulheres empresárias com base em dados históricos de empréstimos tendenciosos.

O combate ao enviesamento dos algoritmos e dos dados da IA exige uma abordagem multifacetada. Isto inclui a melhoria dos métodos de recolha de dados para garantir a representatividade, a implementação de medidas de transparência e responsabilização algorítmica e o desenvolvimento de técnicas para detetar e atenuar o enviesamento nos sistemas de IA.

Sub-representação das mulheres na investigação e desenvolvimento de IA

Outro obstáculo significativo ao aproveitamento da IA para a igualdade de género é a sub-representação das mulheres na investigação e desenvolvimento da IA. As mulheres estão gravemente sub-representadas no domínio da IA, constituindo apenas uma pequena fração dos profissionais de IA, investigadores e decisores. Esta falta de diversidade contribui para o desenvolvimento de sistemas de IA que podem não responder adequadamente às necessidades e experiências das mulheres. A sub-representação das mulheres na IA pode ser atribuída a vários factores, incluindo preconceitos sistémicos na educação STEM e nos percursos profissionais, discriminação no local de trabalho e ambientes hostis. Para ultrapassar esta barreira, são necessários esforços concertados para promover a diversidade de género e a inclusão na investigação e desenvolvimento da IA. Isto inclui a implementação de políticas para apoiar as mulheres no ensino e nas carreiras STEM, proporcionando oportunidades de orientação e de criação de redes, e promovendo ambientes de trabalho inclusivos e de apoio.

Preocupações éticas e de privacidade

As preocupações éticas e de privacidade colocam desafios significativos ao aproveitamento da IA para a igualdade de género. As tecnologias de IA, particularmente as baseadas na aprendizagem automática e na análise de dados, levantam questões sobre a privacidade dos dados, o consentimento e a vigilância, que afectam desproporcionadamente as mulheres e as comunidades marginalizadas. Por exemplo, os sistemas de vigilância alimentados por IA podem infringir a privacidade e a autonomia das mulheres, levando a uma maior vigilância e controlo dos seus movimentos e actividades. Da mesma forma, a utilização de dados pessoais em aplicações de IA, como a monitorização da saúde e a análise preditiva, levanta preocupações sobre a segurança dos dados e o potencial de utilização indevida ou discriminação.

A resposta às preocupações éticas e de privacidade exige o desenvolvimento e a implementação de quadros regulamentares sólidos e de directrizes éticas para o desenvolvimento e a implantação da IA. Isto inclui garantir a transparência e a responsabilidade nos sistemas de IA, proteger os direitos de privacidade dos indivíduos e promover o consentimento informado e a soberania dos dados.

Acesso e clivagem digital

O acesso às tecnologias de IA e a literacia digital são barreiras significativas para alavancar a IA para a igualdade de género, particularmente em comunidades de baixo rendimento e marginalizadas. As mulheres dessas comunidades muitas vezes não têm acesso a conetividade de internet acessível e confiável, dispositivos digitais e treinamento técnico, limitando sua capacidade de se beneficiar de oportunidades e serviços orientados por IA. O fosso digital agrava as desigualdades de género existentes, aumentando o fosso entre homens e mulheres no acesso à educação, ao emprego, aos cuidados de saúde e a outros serviços essenciais. Para ultrapassar esta barreira, é necessário envidar esforços para colmatar o fosso digital, alargando o acesso a infra-estruturas de Internet a preços acessíveis, proporcionando formação em competências digitais e programas de literacia dirigidos a mulheres e raparigas e promovendo princípios de conceção inclusivos e acessíveis nas tecnologias de IA.

O aproveitamento da IA para a igualdade de género está repleto de desafios e barreiras, incluindo preconceitos nos algoritmos e nos dados, a sub-representação das mulheres na investigação e no desenvolvimento da IA, preocupações éticas e de privacidade e questões de acesso e de clivagem digital. No entanto, se enfrentarmos estes desafios através de esforços concertados e da colaboração de várias partes interessadas, podemos libertar todo o potencial da IA para promover a igualdade de género e criar uma sociedade mais inclusiva e equitativa.

Considerações éticas no desenvolvimento da IA: Abordar os preconceitos de género e as preocupações com a privacidade

A IA tem um enorme potencial para transformar vários aspectos da nossa vida, desde os cuidados de saúde à educação e muito mais. No entanto, à medida que as tecnologias de IA proliferam, torna-se cada vez mais crucial abordar as implicações éticas associadas ao seu desenvolvimento e implantação. Uma área de preocupação premente gira em torno dos preconceitos de género e das questões de privacidade inerentes aos sistemas de IA.

Preconceitos de género na IA: Os preconceitos de género na IA referem-se à perpetuação ou amplificação dos estereótipos e desigualdades de género existentes pelos sistemas de IA. Estes preconceitos podem manifestar-se de várias formas, incluindo conjuntos de dados tendenciosos, processos algorítmicos de tomada de decisões e a sub-representação das mulheres na investigação e desenvolvimento da IA. Um exemplo proeminente de preconceito de género na IA é o processo de recrutamento e contratação. Os algoritmos de IA utilizados pelas empresas para selecionar candidatos a emprego podem, inadvertidamente, favorecer os candidatos do sexo masculino em detrimento das mulheres, devido a preconceitos históricos presentes nos dados de treino. Isto perpetua as disparidades de género na força de trabalho e prejudica os esforços para alcançar a igualdade de género.

Além disso, os preconceitos de género na IA podem exacerbar as desigualdades sociais existentes. Por exemplo, verificou-se que os sistemas de policiamento preditivo orientados para a IA visam desproporcionadamente as comunidades minoritárias, incluindo as mulheres de cor, levando a uma maior marginalização e discriminação.

Preocupações com a privacidade: As preocupações com a privacidade na IA resultam da recolha, armazenamento e análise de grandes quantidades de dados pessoais sem consentimento ou salvaguardas adequadas. Isto é particularmente relevante no contexto dos dados relacionados com o género, que podem incluir informações sensíveis sobre as identidades, os comportamentos e as preferências dos indivíduos. Uma das principais preocupações em matéria de privacidade é a potencial utilização abusiva de dados pessoais por sistemas de IA para fins de publicidade direccionada ou de vigilância. Por exemplo, os algoritmos de IA que analisam a atividade nas redes sociais podem inferir as identidades e preferências de género dos indivíduos, conduzindo a campanhas publicitárias direccionadas intrusivas e potencialmente prejudiciais.

Além disso, a falta de transparência e de responsabilidade nos sistemas de IA representa um desafio significativo para a proteção da privacidade. Muitos algoritmos de IA funcionam como "caixas negras", tornando difícil para os utilizadores compreenderem como os seus dados estão a ser tratados e para que fins. Esta opacidade prejudica os direitos dos indivíduos de controlarem as suas informações pessoais e de fazerem escolhas informadas sobre a sua utilização.

Atenuar os preconceitos de género e as preocupações com a privacidade: A resolução dos preconceitos de género e das preocupações com a privacidade na IA requer uma abordagem multifacetada que envolva partes interessadas de vários sectores, incluindo decisores políticos, criadores de tecnologia, investigadores e organizações da sociedade civil. Uma estratégia fundamental é promover a diversidade e a inclusão nas equipas de desenvolvimento de IA. Ao garantir que diversas perspectivas e experiências estejam representadas na conceção e implementação de sistemas de IA, os programadores podem mitigar o risco de perpetuar preconceitos de género e aumentar a robustez e a justiça dos seus algoritmos.

Além disso, os mecanismos de transparência e responsabilização devem ser integrados nos sistemas de IA para garantir a utilização responsável dos dados pessoais. Isto inclui a implementação de políticas claras de proteção de dados, proporcionando aos indivíduos um maior controlo sobre os seus dados e estabelecendo mecanismos de supervisão independente e de auditabilidade dos algoritmos de IA. As iniciativas de educação e sensibilização são também essenciais para abordar os preconceitos de género e as preocupações com a privacidade na IA. Ao promover a literacia digital e as competências de pensamento crítico, os indivíduos podem compreender melhor as implicações das tecnologias de IA na igualdade de género e nos direitos de privacidade, capacitando-os para defenderem práticas éticas de IA e responsabilizarem os decisores.

As considerações éticas em torno dos preconceitos de género e das preocupações com a privacidade no desenvolvimento e implantação da IA são de extrema importância na era digital atual. Ao reconhecer e abordar estas questões, podemos aproveitar o potencial transformador da IA, salvaguardando simultaneamente os direitos e valores fundamentais, incluindo a igualdade de género e os direitos de privacidade. Através de esforços de colaboração e de uma tomada de decisões informada, podemos preparar o caminho para um futuro da IA mais ético e inclusivo.

Assegurar o desenvolvimento da IA sensível ao género: O papel crucial das políticas e dos regulamentos

A IA surgiu como uma força transformadora em vários sectores, prometendo eficiência, inovação e progresso. No entanto, a sua adoção generalizada trouxe à luz a questão premente das disparidades e preconceitos de género incorporados nos sistemas de IA. Para responder a esta preocupação, é imperativo estabelecer políticas e regulamentos abrangentes que orientem o desenvolvimento e a implantação da IA de uma forma sensível ao género.

O panorama atual: Antes de nos debruçarmos sobre as considerações políticas, é crucial compreender o panorama atual do desenvolvimento e implantação da IA.

A investigação tem destacado consistentemente os preconceitos de género nos algoritmos de IA, decorrentes de dados históricos que reflectem preconceitos sociais. Estes preconceitos podem perpetuar e exacerbar as desigualdades de género, afectando áreas como a contratação, finanças, cuidados de saúde e justiça criminal.

Governação e recolha de dados: Um aspeto fundamental do desenvolvimento da IA sensível ao género é a governação dos dados. As políticas devem enfatizar a importância de conjuntos de dados diversificados e representativos para evitar o reforço dos preconceitos existentes. As práticas de recolha de dados devem ser transparentes, responsáveis e sujeitas a auditorias regulares. A inclusão na recolha de dados garante que os algoritmos de IA são treinados num amplo espetro de experiências, reduzindo o risco de resultados discriminatórios.

Princípios éticos da IA: A integração de princípios éticos de IA nos quadros políticos é essencial. Estes princípios devem enfatizar a justiça, a transparência, a responsabilidade e a prevenção da discriminação. O estabelecimento de directrizes para o desenvolvimento ético da IA garante que os preconceitos de género são ativamente identificados, mitigados e abordados ao longo do ciclo de vida da IA. As empresas e os programadores devem ser responsabilizados pela adesão a estes princípios através de medidas regulamentares claras.

Normas de conceção inclusiva: As políticas devem incentivar a adoção de normas de conceção inclusivas que dêem prioridade à diversidade dos utilizadores. Os sistemas de IA devem ser desenvolvidos tendo em conta que diversos grupos de utilizadores, incluindo vários géneros, podem interagir com eles. Garantir a acessibilidade e a usabilidade para todos os indivíduos promove uma IA sensível ao género que beneficia um espetro mais amplo de utilizadores.

Avaliações do impacto no género: À semelhança das avaliações do impacto ambiental, as avaliações do impacto no género devem ser integradas no processo de desenvolvimento dos sistemas de IA. Estas avaliações avaliam o potencial impacto da IA nos diferentes géneros, ajudando a identificar e a retificar quaisquer efeitos discriminatórios antes da sua implementação. Os organismos reguladores podem exigir a inclusão de avaliações de impacto de género como parte do processo de aprovação das tecnologias de IA.

Quadros regulamentares: O estabelecimento de quadros regulamentares sólidos é fundamental para promover o desenvolvimento da IA sensível ao género. Os governos e as organizações internacionais desempenham um papel crucial na formação destes quadros para garantir que as tecnologias de IA se alinham com os objectivos de igualdade de género.

Protecções legais contra a discriminação: As protecções legais explícitas contra a discriminação baseada no género decorrente de aplicações de IA devem ser consagradas na legislação. Isto inclui salvaguardas contra algoritmos de contratação tendenciosos, práticas financeiras discriminatórias e outras disparidades relacionadas com o género. As medidas legislativas devem ser proactivas na abordagem de potenciais danos, em vez de reactivas, reflectindo um compromisso de prevenir a discriminação na sua origem.

Responsabilidade algorítmica: As entidades reguladoras devem implementar medidas para responsabilizar as organizações pelos resultados dos seus sistemas de IA. Isto implica o estabelecimento de directrizes claras para a transparência nos processos de tomada de decisões algorítmicas. As empresas devem revelar como funcionam os seus algoritmos e como lidam com potenciais enviesamentos. Auditorias e avaliações regulares devem ser obrigatórias para garantir a conformidade contínua com os padrões sensíveis ao género.

Diversidade obrigatória nas equipas de desenvolvimento de IA: As políticas devem incentivar ou impor a diversidade nas equipas de desenvolvimento de IA. Uma equipa diversificada traz perspectivas e experiências variadas, reduzindo a probabilidade de preconceitos não intencionais. Os incentivos governamentais, como subsídios ou benefícios fiscais, podem ser utilizados para motivar as organizações a dar prioridade à diversidade na sua força de trabalho de IA.

Colaboração internacional: Dada a natureza global do desenvolvimento da IA, a colaboração internacional é crucial. Os decisores políticos devem trabalhar em conjunto para estabelecer normas consistentes que transcendam as fronteiras. Os esforços de colaboração podem incluir a partilha das melhores práticas, a coordenação de iniciativas de investigação e a abordagem colectiva dos desafios relacionados com o desenvolvimento da IA sensível ao género.

Desafios e considerações futuras: Embora o estabelecimento de políticas e regulamentos seja um passo crucial, persistem desafios para alcançar um desenvolvimento de IA sensível ao género. A implementação e a aplicação continuam a ser os principais desafios, exigindo o envolvimento ativo dos governos, das partes interessadas da indústria e dos grupos de defesa. Além disso, é essencial a monitorização contínua e a adaptação das políticas para acompanhar a evolução das tecnologias de IA.

Garantir o desenvolvimento e a implementação de IA sensível ao género requer uma abordagem multifacetada que combine orientações éticas, quadros regulamentares e colaboração internacional. As políticas e regulamentos delineados neste exame servem de base para a criação de um cenário de IA mais inclusivo e equitativo, alinhado com os objectivos do Objetivo de Desenvolvimento Sustentável 5. À medida que a IA continua a evoluir, os esforços contínuos e a cooperação são imperativos para enfrentar os desafios emergentes e construir um futuro em que a tecnologia contribua para a igualdade de género em vez de perpetuar as disparidades existentes.

O papel da educação e da sensibilização na abordagem das disparidades de género na IA

O avanço da IA apresenta tanto oportunidades como desafios para a sociedade, em especial no que diz respeito à igualdade de género. À medida que as tecnologias de IA continuam a proliferar em vários sectores, torna-se imperativo abordar as disparidades de género que existem neste domínio. A educação e a sensibilização desempenham um papel fundamental na atenuação destas disparidades, promovendo a inclusão, a equidade e a diversidade no desenvolvimento e na implantação da IA.

Importância da educação na IA: A educação é a pedra angular da construção de uma força de trabalho de IA diversificada e inclusiva. Ao proporcionar oportunidades acessíveis e equitativas para a aprendizagem de competências de IA, os indivíduos de todos os géneros podem participar ativamente na definição do futuro da IA. No entanto, as disparidades de género persistem na educação STEM (ciência, tecnologia, engenharia e matemática), que serve como um canal para o talento da IA. As raparigas e as mulheres estão frequentemente sub-representadas nas áreas STEM devido a várias barreiras sociais, culturais e sistémicas.

Para resolver este desequilíbrio, são cruciais as iniciativas destinadas a promover a educação STEM entre as raparigas e as mulheres jovens. Estas iniciativas incluem programas de sensibilização, oportunidades de orientação e recursos educativos específicos concebidos para inspirar e apoiar o interesse das raparigas pela IA e áreas afins. Além disso, a integração das perspectivas de género nos currículos de IA pode ajudar a aumentar a sensibilização para as questões de género no sector da tecnologia e promover um ambiente de aprendizagem mais inclusivo.

Além disso, a aprendizagem ao longo da vida e os programas de melhoria de competências são essenciais para garantir que os indivíduos, independentemente do género, tenham a oportunidade de se adaptar ao cenário em evolução das tecnologias de IA. Ao oferecer oportunidades de educação e formação contínuas, as organizações podem capacitar as mulheres para prosperarem em funções relacionadas com a IA e contribuírem significativamente para a inovação e os processos de tomada de decisão.

Sensibilização para os preconceitos de género na IA: A sensibilização para os preconceitos de género na IA é fundamental para mitigar os seus efeitos adversos nas mulheres e nas comunidades marginalizadas. Os preconceitos de género podem manifestar-se de várias formas nos sistemas de IA, incluindo algoritmos tendenciosos, conjuntos de dados tendenciosos e processos de tomada de decisão tendenciosos. Estes preconceitos podem perpetuar e exacerbar as desigualdades existentes, levando a resultados discriminatórios em áreas como a contratação, os cuidados de saúde e a justiça criminal.

Para combater os preconceitos de género na IA, é essencial sensibilizar os criadores de IA, os decisores políticos e o público em geral. As iniciativas educativas e as campanhas de sensibilização podem realçar a importância de considerar as perspectivas de género na conceção e implementação da IA. Ao promover uma compreensão mais profunda de como os preconceitos de género surgem e têm impacto nos sistemas de IA, as partes interessadas podem trabalhar no sentido de desenvolver soluções mais equitativas e inclusivas.

Além disso, a transparência e a responsabilização são cruciais para abordar o preconceito de género na IA. Os programadores e as organizações devem dar prioridade a práticas éticas de IA, incluindo transparência de dados, justiça algorítmica e estratégias de mitigação de preconceitos. Ao promover a transparência e a responsabilização, as partes interessadas podem criar confiança nos sistemas de IA e mitigar os potenciais danos associados ao enviesamento de género.

Capacitar as mulheres na IA: Capacitar as mulheres na IA exige esforços concertados para enfrentar as barreiras estruturais e as desigualdades sistémicas que impedem a sua participação e progressão neste domínio. A educação e a sensibilização desempenham um papel fundamental neste processo, desmantelando estereótipos, desafiando preconceitos e criando ambientes de apoio para as mulheres na IA.

As oportunidades de mentoria e networking são fundamentais para capacitar as mulheres a seguir e a destacar-se nas carreiras de IA. Ao ligar as aspirantes a profissionais de IA a mentores experientes e redes de apoio, as organizações podem facilitar a partilha de conhecimentos, o desenvolvimento de competências e a progressão na carreira. Além disso, o reconhecimento e a celebração das conquistas das mulheres na IA podem inspirar as futuras gerações de líderes e modelos femininos.

Além disso, a promoção da diversidade e da inclusão nas organizações de IA e nas equipas de investigação é essencial para fomentar a inovação e enfrentar desafios societais complexos. Ao abraçar diversas perspectivas e experiências, as equipas de IA podem desenvolver soluções mais robustas e eticamente sólidas que reflictam as necessidades e os valores de diversas comunidades.

A educação e a sensibilização são ferramentas indispensáveis para abordar as disparidades de género na IA e promover a igualdade de género no sector tecnológico. Ao investir na educação STEM, sensibilizando para os preconceitos de género na IA e capacitando as mulheres para funções relacionadas com a IA, podemos criar um futuro mais inclusivo e equitativo para todos. É imperativo que as partes interessadas do meio académico, da indústria e do governo colaborem para dar prioridade a iniciativas de educação e sensibilização que promovam a diversidade, a equidade e a inclusão na IA. Juntos, podemos aproveitar o potencial transformador da IA para promover a igualdade de género e construir um mundo mais sustentável e próspero para as gerações vindouras.

CAPÍTULO 5

O caminho a seguir: Estratégias de ação

No cenário em rápida evolução da IA, é crucial garantir que a igualdade de género continua a ser um ponto central. Embora a IA tenha um imenso potencial para fazer avançar as sociedades, existe o risco de que os preconceitos e as disparidades de género possam exacerbar as desigualdades existentes. Para enfrentar este desafio, as partes interessadas de vários sectores, incluindo governos, organizações, universidades e sociedade civil, devem colaborar e implementar estratégias accionáveis. Esta secção descreve as principais abordagens para promover a igualdade de género na IA, fomentando um ecossistema de IA inclusivo e equitativo.

Melhorar a diversidade e a inclusão nas equipas de desenvolvimento de IA: Para mitigar os preconceitos de género nos algoritmos e tecnologias de IA, é essencial cultivar equipas de desenvolvimento de IA diversificadas e inclusivas. Os governos e as organizações devem dar prioridade ao recrutamento e retenção de mulheres em funções de investigação e desenvolvimento de IA. Isso pode ser alcançado por meio de programas de divulgação direcionados, bolsas de estudo, iniciativas de orientação e práticas de contratação inclusivas. Além disso, a promoção de uma cultura inclusiva no local de trabalho que valorize diversas perspectivas e experiências é fundamental para garantir a igualdade de género nas equipas de desenvolvimento de IA.

Investir na investigação e desenvolvimento de IA sensíveis ao género: Os governos, as instituições de investigação e as agências de financiamento devem atribuir recursos para apoiar a investigação e o desenvolvimento da IA sensível ao género. Isto inclui o financiamento de projectos de investigação que explorem as implicações de género das tecnologias de IA, desenvolvam algoritmos de IA com inclusão de género e abordem os preconceitos de género nos conjuntos de dados de IA. Ao investir em investigação de IA sensível ao género, as partes interessadas podem desenvolver tecnologias de IA que sejam mais equitativas e inclusivas, beneficiando as mulheres e as comunidades marginalizadas.

Integração das Perspectivas de Género na Educação e Formação em IA: As instituições académicas e os programas de formação devem integrar as perspectivas de género nos currículos de educação e formação em IA. Isto inclui a incorporação de módulos sobre género e tecnologia, ética e estratégias de mitigação de preconceitos nos cursos de IA. Além disso, a oferta de bolsas de estudo, bolsas de estudo e oportunidades de orientação para mulheres que buscam educação e carreiras em IA pode ajudar a preencher a lacuna de gênero na força de trabalho de IA. Ao equipar os futuros profissionais de IA com uma lente sensível ao género, as partes interessadas podem promover o desenvolvimento de tecnologias de IA mais inclusivas e responsáveis.

Estabelecer directrizes e normas éticas para a IA sensível ao género: Os governos, as associações industriais e as organizações internacionais devem colaborar no desenvolvimento de directrizes e normas éticas para o desenvolvimento e implementação de IA sensível ao género. Estas directrizes devem abordar questões como a mitigação do preconceito de género, a transparência, a responsabilidade e a proteção da privacidade dos dados relacionados com o género. Ao estabelecer quadros éticos claros, as partes interessadas podem garantir que as tecnologias de IA são desenvolvidas e implementadas de uma forma que defende a igualdade de género e os princípios dos direitos humanos.

Promoção de políticas e regulamentos de IA sensíveis ao género: Os governos devem promulgar políticas e regulamentos que promovam o desenvolvimento e a implantação da IA sensível ao género. Isto inclui a integração de considerações de género nos quadros políticos da IA, o estabelecimento de requisitos de recolha de dados desagregados por género e a implementação de avaliações de impacto de género para projectos de IA. Além disso, os governos devem aplicar leis e regulamentos anti-discriminação para evitar o uso de tecnologias de IA para fins discriminatórios. Ao adotar políticas e regulamentos de IA sensíveis ao género, os governos podem criar um ambiente propício ao desenvolvimento de tecnologias de IA inclusivas e equitativas.

Apoiar as iniciativas e as empresas em fase de arranque de IA lideradas por mulheres: Governos, empresas de capital de risco e parceiros corporativos devem fornecer financiamento, orientação e oportunidades de networking para apoiar iniciativas e startups de IA lideradas por mulheres. Isto inclui a criação de programas de financiamento dedicados, programas de aceleração e incubadoras para mulheres empreendedoras no sector da IA. Além disso, a promoção de parcerias entre empresas de IA estabelecidas e startups lideradas por mulheres pode facilitar a partilha de conhecimentos e a colaboração. Ao apoiar iniciativas de IA lideradas por mulheres, as partes interessadas podem promover a diversidade, a inovação e a capacitação económica no ecossistema de IA.

A promoção da igualdade de género na IA exige esforços concertados dos governos, organizações, universidades e sociedade civil. Ao implementar estratégias accionáveis, tais como o reforço da diversidade e da inclusão nas equipas de desenvolvimento de IA, o investimento em investigação e desenvolvimento de IA sensível ao género, a integração de perspectivas de género na educação e formação em IA, o estabelecimento de directrizes e normas éticas para a IA sensível ao género, a promoção de políticas e regulamentos de IA sensíveis ao género e o apoio a iniciativas e startups de IA lideradas por mulheres, as partes interessadas podem promover um ecossistema de IA inclusivo e equitativo. Juntos, podemos aproveitar o poder da IA para promover a igualdade de género e criar um futuro mais sustentável e justo para todos.

Parcerias de colaboração para fazer avançar o ODS 5 através da IA

Na tentativa de alcançar o Objetivo de Desenvolvimento Sustentável 5 (ODS 5) - Igualdade de Género, tornou-se cada vez mais evidente que a utilização da inteligência artificial (IA) não só é vantajosa como imperativa. O potencial transformador da IA na abordagem das disparidades de género e na promoção do empoderamento das mulheres é profundo. No entanto, a concretização deste potencial exige esforços concertados, parcerias de colaboração e um apelo coletivo à ação.

O caminho para a igualdade de género através da IA começa com o reconhecimento das disparidades e preconceitos existentes enraizados nos sistemas de IA. Os preconceitos de género nos algoritmos e conjuntos de dados da IA perpetuam e exacerbam as desigualdades sociais. As mulheres estão sub-representadas nos processos de investigação, desenvolvimento e tomada de decisões no domínio da IA, o que leva a que a tecnologia não responda adequadamente às necessidades e perspectivas das mulheres. Além disso, a intersecção do género com outros factores, como a raça, a etnia e o estatuto socioeconómico, agrava ainda mais estas disparidades. Assim, o primeiro passo no apelo à ação é o compromisso de abordar e retificar estes preconceitos através de esforços de colaboração.

A colaboração entre várias partes interessadas é essencial para aproveitar todo o potencial da IA para promover a igualdade de género. Os governos, as organizações internacionais, a sociedade civil, as universidades, a indústria e as comunidades devem unir-se para impulsionar a mudança sistémica. Cada parte interessada traz perspectivas, recursos e conhecimentos únicos para a mesa, tornando a colaboração não só benéfica como indispensável.

Os governos desempenham um papel fundamental na criação de um ambiente propício ao desenvolvimento e à implantação da IA sensível ao género. Os decisores políticos devem promulgar leis e regulamentos que promovam a igualdade de género na IA, garantam a transparência e a responsabilização na tomada de decisões algorítmicas e salvaguardem as práticas discriminatórias. Além disso, os governos podem investir em programas de educação e desenvolvimento de competências para aumentar a participação das mulheres nos domínios STEM e nas profissões relacionadas com a IA.

As organizações internacionais servem de catalisadores para a cooperação e coordenação globais no avanço do ODS 5 através da IA. Iniciativas colaborativas como a Agora de Inovação em Género das Nações Unidas e a Parceria em IA para a Igualdade de Género (PAIGE) reúnem diversas partes interessadas para trocar conhecimentos, partilhar melhores práticas e desenvolver soluções inovadoras. Ao fomentar a colaboração transfronteiriça e a partilha de conhecimentos, as organizações internacionais amplificam o impacto dos esforços individuais e promovem a ação colectiva a uma escala global.

As organizações da sociedade civil desempenham um papel crucial na defesa de políticas e práticas de IA que incluam o género. Servem como cães de guarda, responsabilizando os governos e as empresas pelos seus compromissos em matéria de igualdade de género. A sociedade civil também impulsiona iniciativas de base que capacitam as mulheres com competências e conhecimentos de IA, permitindo-lhes participar plenamente na economia digital e nos processos de tomada de decisão. Através do envolvimento e mobilização da comunidade, as organizações da sociedade civil amplificam as vozes das mulheres marginalizadas e asseguram que as suas necessidades e direitos são centrais para as agendas de desenvolvimento da IA.

As instituições académicas estão na vanguarda da investigação e da inovação no domínio da IA. A colaboração entre o meio académico e outras partes interessadas é essencial para o desenvolvimento de tecnologias e metodologias de IA sensíveis ao género. As equipas de investigação interdisciplinares que incluem peritos de áreas como os estudos de género, as ciências da computação e a ética podem fornecer perspectivas holísticas e conhecimentos sobre os complexos desafios da igualdade de género na IA. Além disso, as instituições académicas podem desempenhar um papel fundamental na formação da próxima geração de profissionais de IA e de decisores políticos sobre a importância de abordagens que incluam as questões de género.

A indústria tem uma dupla responsabilidade de mitigar e remediar as disparidades de género na IA. As empresas de tecnologia devem dar prioridade à diversidade e à inclusão na sua força de trabalho, liderança e processos de desenvolvimento de produtos. Ao promoverem locais de trabalho inclusivos e equipas diversificadas, as empresas podem garantir que as tecnologias de IA reflectem a diversidade dos utilizadores e respondem às necessidades de todas as partes interessadas. Além disso, a colaboração da indústria com os governos, o meio académico e a sociedade civil é essencial para o desenvolvimento e implementação de normas e directrizes para o desenvolvimento e implementação éticos da IA em toda a indústria.

As comunidades são os beneficiários finais e os motores da mudança na jornada para a igualdade de género através da IA. As iniciativas de base lideradas por organizações comunitárias e activistas são fundamentais na defesa de políticas, programas e serviços de IA que incluam o género. Ao capacitar as mulheres com competências e conhecimentos de IA, as comunidades podem desbloquear oportunidades económicas, melhorar o acesso a serviços essenciais e amplificar as vozes das mulheres nos processos de tomada de decisão. Além disso, o envolvimento e a participação da comunidade asseguram que as tecnologias de IA são contextualmente relevantes e respondem às necessidades e aspirações das comunidades locais.

A realização do Objetivo de Desenvolvimento Sustentável 5 exige um esforço coletivo e de colaboração para aproveitar o potencial transformador da inteligência artificial. Trabalhando em conjunto, os governos, as organizações internacionais, a sociedade civil, a academia, a indústria e as comunidades podem abordar as disparidades de género na IA e promover a igualdade de género para o desenvolvimento sustentável. O apelo à ação é claro: unamos os nossos esforços, potenciemos os nossos pontos fortes e comprometamo-nos com um futuro em que a IA dê poder às mulheres e permita sociedades inclusivas e equitativas para todos.

O potencial da IA como catalisador para alcançar a igualdade de género e o desenvolvimento sustentável

A IA emergiu como uma força transformadora com o potencial de remodelar as sociedades e as economias em todo o mundo. À medida que nos esforçamos por alcançar o Objetivo de Desenvolvimento Sustentável 5 (ODS 5) - Igualdade de Género, é imperativo refletir sobre o papel que a IA pode desempenhar como catalisador neste esforço. Ao aproveitar o poder da IA, podemos abordar as disparidades de género de longa data, capacitar as mulheres e preparar o caminho para um futuro mais sustentável e inclusivo.

Um dos aspectos mais promissores da IA reside na sua capacidade de analisar grandes quantidades de dados e obter informações valiosas. No contexto da igualdade entre homens e mulheres, esta capacidade pode ser aproveitada para identificar e abordar os preconceitos sistémicos que perpetuam as disparidades de género. Por exemplo, os algoritmos de IA podem ser utilizados para analisar as práticas de contratação nas organizações, revelando quaisquer preconceitos de género nos processos de recrutamento. Ao identificar esses preconceitos, as organizações podem implementar intervenções direccionadas para garantir a igualdade de oportunidades para todos os géneros, promovendo assim uma força de trabalho mais inclusiva.

Além disso, as ferramentas alimentadas por IA têm o potencial de revolucionar o acesso à educação e aos cuidados de saúde, duas componentes críticas do desenvolvimento sustentável. Em muitas partes do mundo, as mulheres enfrentam barreiras significativas no acesso a serviços de educação e de saúde de qualidade. No entanto, as soluções baseadas em IA, como as plataformas de aprendizagem personalizadas e as aplicações de telemedicina, podem ajudar a ultrapassar estas barreiras. Ao adaptar os conteúdos educativos aos estilos de aprendizagem individuais e ao fornecer consultas de saúde à distância, a IA pode garantir que as mulheres tenham igual acesso a serviços essenciais, independentemente da sua localização geográfica ou estatuto socioeconómico.

Além disso, a IA tem a capacidade de abordar a violência baseada no género, uma questão generalizada que impede o progresso no sentido da igualdade de género. Através da análise dos dados das redes sociais e das comunicações em linha, os algoritmos de IA podem detetar padrões indicativos de comportamentos abusivos, permitindo uma intervenção precoce e o apoio aos sobreviventes. Além disso, os chatbots e os assistentes virtuais alimentados por IA podem proporcionar às vítimas de violência de género um meio confidencial e acessível de procurar assistência e recursos.

No entanto, apesar do seu imenso potencial, a IA não está isenta de desafios e limitações. Uma das preocupações mais prementes é a perpetuação de preconceitos de género nos sistemas de IA. Como os algoritmos de IA são treinados com base em dados históricos, podem inadvertidamente aprender e perpetuar os estereótipos e preconceitos de género existentes. Por exemplo, se os dados históricos reflectirem disparidades de género em determinadas profissões, os algoritmos de IA podem, inadvertidamente, reforçar essas disparidades, recomendando percursos profissionais semelhantes a indivíduos com base no seu género. Para mitigar este risco, é essencial dar prioridade à diversidade e à inclusão nas equipas de desenvolvimento de IA e garantir que os conjuntos de dados são representativos e isentos de preconceitos.

Além disso, o rápido avanço da tecnologia da IA suscitou preocupações quanto ao seu impacto no futuro do trabalho, em especial para as mulheres dos sectores pouco qualificados e informais. Como a automatização da IA continua a substituir empregos tradicionalmente ocupados por mulheres, existe o risco de exacerbar as desigualdades de género existentes na força de trabalho. Para fazer face a este desafio, os decisores políticos devem implementar medidas proactivas para requalificar e melhorar as competências das mulheres para empregos em indústrias emergentes e garantir que têm igualdade de acesso a oportunidades na economia digital.

Além disso, as considerações éticas em torno da utilização da IA em áreas sensíveis, como os cuidados de saúde e a justiça penal, devem ser cuidadosamente abordadas. Por exemplo, existem preocupações de que os algoritmos de IA utilizados para o policiamento preditivo possam visar desproporcionadamente comunidades marginalizadas, incluindo mulheres de cor. Para evitar tais resultados, é essencial estabelecer directrizes e regulamentos claros que regulem a utilização da IA nestes contextos, garantindo que os algoritmos são transparentes, responsáveis e isentos de preconceitos.

Apesar destes desafios, o potencial da IA para acelerar o progresso no sentido da igualdade de género e do desenvolvimento sustentável não pode ser exagerado. Ao aproveitar o poder da IA, podemos abrir novas oportunidades para as mulheres, desmantelar barreiras sistémicas e criar um futuro mais equitativo e próspero para todos. No entanto, a concretização desta visão exigirá uma ação colectiva e um compromisso para garantir que as tecnologias de IA sejam desenvolvidas e implantadas de uma forma que dê prioridade à igualdade de género, aos direitos humanos e à justiça social.

A IA tem o potencial de servir como um poderoso catalisador para alcançar o Objetivo de Desenvolvimento Sustentável 5 - Igualdade de Género. Ao tirar partido das soluções baseadas na IA, podemos abordar as disparidades sistémicas entre os géneros, capacitar as mulheres e promover o desenvolvimento sustentável à escala global. No entanto, a concretização deste potencial exigirá um esforço concertado para enfrentar os desafios e os riscos associados à IA, maximizando simultaneamente os seus benefícios para um bem maior. Com um planeamento cuidadoso, colaboração e inovação, podemos aproveitar o poder transformador da IA para criar um mundo mais inclusivo e equitativo para as gerações futuras.

BIBLIOGRAFIA

1. Agarwal, B. (2018). Igualdade de género, segurança alimentar e os objectivos de desenvolvimento sustentável. Opinião atual sobre sustentabilidade ambiental, 34, 26-32.
2. Susan Solomon, D., Singh, C., & Islam, F. (2021). Examinando os resultados das intervenções de adaptação urbana na igualdade de gênero usando o ODS 5. Clima e Desenvolvimento, 13(9), 830-841.
3. Eden, L., & Wagstaff, M. F. (2021). Elaboração de políticas baseadas em evidências e o problema perverso da igualdade de género do ODS 5. Jornal de Política Empresarial Internacional, 4, 28-57.
4. Carlsen, L., & Bruggemann, R. (2021). Igualdade de género na Europa: O Desenvolvimento do Objetivo de Desenvolvimento Sustentável n.º 5 Ilustrado por Casos Exemplares. Social Indicators Research, 158(3), 1127-1151.
5. Razavi, S. (2016). A Agenda 2030: desafios de implementação para alcançar a igualdade de género e os direitos das mulheres. Género e Desenvolvimento, 24(1), 25-41.
6. Leal Filho, W., Kovaleva, M., Tsani, S., Ţîrcă, D. M., Shiel, C., Dinis, M. A. P., ... & Tripathi, S. (2023). Promover a igualdade de género nos objetivos de desenvolvimento sustentável. Ambiente, Desenvolvimento e Sustentabilidade, 25(12), 14177-14198.
7. Roy, C. K., & Xiaoling, H. (2022). Alcançar o ODS 5, igualdade de género e empoderamento de todas as mulheres e raparigas, nos países em desenvolvimento: como a ajuda ao comércio pode ajudar? Revista Internacional de Economia Social, 49(6), 930-959.
8. Queisser, M. (2016). A igualdade de género e os objectivos de desenvolvimento sustentável.

9. Franco, I. B., Meruane, P. S., & Derbyshire, E. (2020). Igualdade de género do ODS 5: Não apenas uma questão de mulheres: Liderança sustentável em indústrias dominadas por homens - o caso da indústria extractiva. Actuando os objectivos globais para um impacto local: Rumo à ciência, política, educação e prática da sustentabilidade, 69-83.
10. Bhattacharya, A., & Pal, M. (2021). Quinto objetivo de desenvolvimento sustentável igualdade de gênero na Índia: análise por matemática da incerteza e cobertura de gráficos difusos. Computação Neural e Aplicações, 33(21), 15027-15057.
11. Denoncourt, J. A. (2022). Apoiando o Objetivo de Desenvolvimento Sustentável 5 Igualdade de Gênero e Empreendedorismo na Mina de Tanzanita para o Mercado. Sustentabilidade, 14(7), 4192.
12. Esquivel, V., & Sweetman, C. (2016). O género e os objectivos de desenvolvimento sustentável. Género e Desenvolvimento, 24(1), 1-8.

Printed by Books on Demand GmbH, Norderstedt / Germany